図解 “難しそう”が“おもしろい”になる

天気予報が楽しくなる

空のしくみ

荒木健太郎

太田絢子・片山美紀・
津田紗矢佳・佐々木恭子

JN027776

朝日新聞出版

はじめに

私たちの生活は天気によって左右されています。雨が降って肌寒いときは傘や上着を用意して出かけますし、汗ばむ暑さになるときは薄着になります。そのような日々の天気を知るためにあるのが天気予報です。

天気予報はすでに生活の一部として、様々なメディアで発信され、スマートフォンでもすぐに確認できます。一方、天気予報の解説で使われる用語はとても多い上に専門的なものもあり、それぞれの定義は正しく理解されていないものも多いです。また、天気予報は最新の科学技術に基づいていますが、実はまだ正確な予測が難しいこともあります。そんな天気予報をもっと上手に使いこなすためには、雲や空のしくみを知っておくことが有効です。

本書は、読者の皆さんが天気予報をもっとわかるようになるために、空のしくみについて解説しています。それぞれの項目で、関連する気象用語の解説も添えていますので、目次を見て、気になる項目から読み進められます。読者の皆さんが本書を読み終えたあと、天気予報を使いこなせるようになり、雲や空を見上げるのが楽しくなるきっかけになれば嬉しく思います。

荒木健太郎

Contents

第3章 よくわかる天気予報の基本としくみ

第4章 日本の天気のしくみ

第5章 異常気象と災害に備える

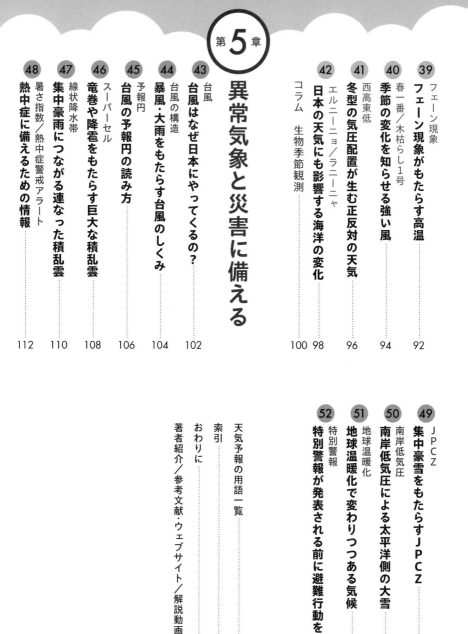

第1章

天気を決める雲と空

そもそも天気とは何か

「晴れ」と「曇り」の境目は雲の量で決まる

●空全体に占める雲の割合で「晴れ」と「曇り」が決まる

雲量《うんりょう》3の晴れの空。雲量は空全体を見渡して判断する。

●高い空に雲が多いと「薄曇り」

雲量10⁻の薄曇りの空。薄雲《うすぐも》（巻層雲《けんそううん》）が広がり、ハロ（暈《かさ》）が出ている。

雲量10の曇りの空。雲が空全体に隙間なく広がっている。

天気予報を参考に、翌日の予定や服装などを決める人は多いと思います。ただ、「晴れ」や「曇り」と一口に言っても、人によって空のイメージは様々ではないでしょうか。そもそも、「天気」とはどういうものなのかを紹介します。

天気とは、雨や雪などの**大気現象**と、空全体を占める雲の量（**雲量**）で決まる、**大気の総合的な状態**のことです。雨や雪が降っているときの天気は「雨」や「雪」と分類され、そうでない場合は雲量で決まります。雲量１以下で「快晴」、２以上８以下で「晴れ」です。雲量９以上で、見かけ上は空の高い位置にある雲が最も多い場合は「薄曇り」、中くらいの高さや低い位置にある雲のほうが多い場合は「曇り」と分類されます。同じ晴れでも、雲量２と８では、空の見た目は大きく変わるのです。雲の量を気にかけていると、晴れと曇りの境目がわかり、空を見るのが楽しくなります。

また、ニュースなどで使われる天気を表現する言葉にも定義があります。たとえば「**ぐずついた天気**」は、曇りや雨または雪の日が２〜３日以上続く天気のことです。「**荒れた天気**」は、注意報の基準を超える風が吹き、雨または雪などを伴った状態、「**大荒れ**」は風が警報の基準になると使われるなど、似ている言葉でも使い分けられています。普段、天気予報で何気なく聞く言葉の一つひとつに注目することで、天気予報をもっと上手に使えるようになりそうです。

雲量

空全体を見上げたときに雲が占める割合のこと。０から10までの整数に加え、１に満たないが０ではない状態を0^+、10に満たないがほぼ10の状態を10^-としている。

大気現象

雨や雪などの大気水象、砂や土などが空を舞う大気塵《じん》象、太陽や月の光で虹色が生まれる大気光象、雷などの大気電気象の総称。気象測器や目視などによって観測する。

十種雲形《じっしゅうんけい》

雲は大きく分けて10種類

● 十種雲形の雲の主な出現高度

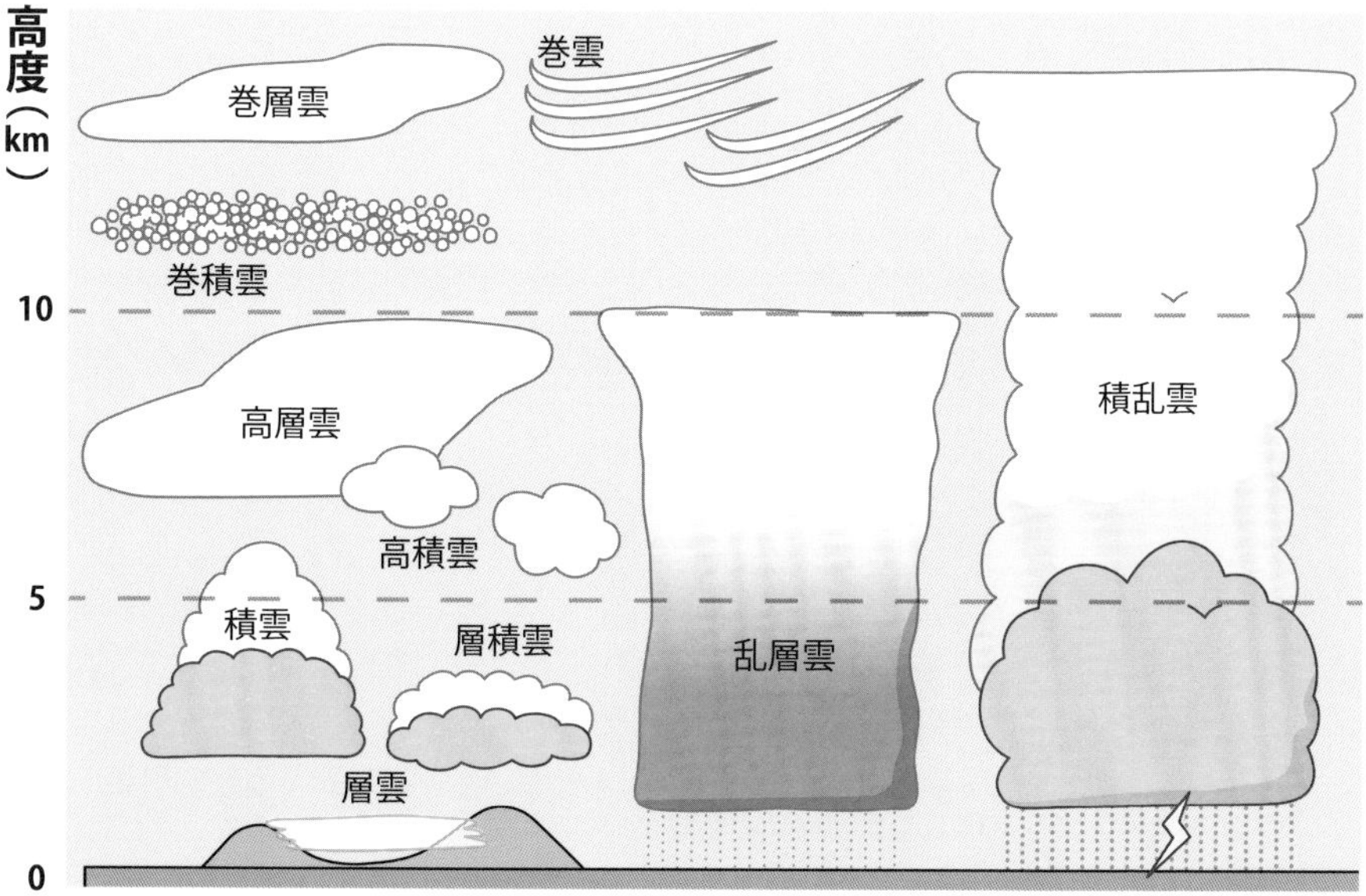

● 十種雲形の雲の日本付近での特徴

	名前	別名	高度	雲の状態
	巻雲《けんうん》	筋雲《すじぐも》、羽雲《はねぐも》、しらす雲《ぐも》		氷
上層雲《じょうそううん》	巻積雲《けんせきうん》	鰯雲《いわしぐも》、鱗雲《うろこぐも》、鯖雲《さばぐも》	5 〜 13km	氷／混合
	巻層雲《けんそううん》	薄雲《うすぐも》		氷
	高積雲《こうせきうん》	羊雲《ひつじぐも》、叢雲《むらくも》、斑雲《まだらぐも》	2 〜 7km	
中層雲《ちゅうそううん》	高層雲《こうそううん》	朧雲《おぼろぐも》		
	乱層雲《らんそううん》	雨雲《あまぐも》、雪雲《ゆきぐも》	通常、雲の底は下層にある 雲の頭は 6km ほど	
	層積雲《そうせきうん》	畝雲《うねぐも》、曇雲《くもりぐも》	2km 以下	混合／水
	層雲《そううん》	霧雲《きりぐも》	地表面付近〜 2km	
下層雲《かそううん》	積雲《せきうん》	綿雲《わたぐも》、 入道雲《にゅうどうぐも》（雄大積雲《ゆうだいせきうん》）	地表面付近〜 2km 雄大積雲はそれ以上	
	積乱雲《せきらんうん》	雷雲《かみなりぐも》	雲の頭は 12km 以上になることも	混合

空に浮かぶ**雲**は、モクモクしていたり、滑らかな見た目だったり、形も大きさも様々です。雲とは、空に浮かぶ無数の**水や氷の粒の集合体**のことです。雲の粒は半径０・０１㎜くらいの大きさで、毎秒数㎜〜数㎝の速さで落下します。しかし、これより速い上昇気流に支えられるため、空に浮かんでいられるのです。

雲は、その姿や高さによって10種類に分けられ、これを**十種雲形**と呼んでいます。まず雲の高さにより、上層雲、中層雲、下層雲と分類します。そして雲の状態などから、上層雲は巻雲、巻積雲、巻層雲、中層雲は高積雲、高層雲、乱層雲、下層雲は層積雲、層雲、積雲、積乱雲に分けられるのです。雲の分類には、さらに細かい、**種**《しゅ》、**変種**《へんしゅ》、**副変種**《ふくへんしゅ》という分け方もあります。

十種雲形の雲の名前に含まれる漢字には、雲の特徴が表れています。「**巻**」の付く雲は高い空の上層雲、「**層**」の付く雲は横方向に広がっていて上昇気流の弱い雲です。「**積**」の付く雲は積み重なるようにモクモクした見た目で上昇気流の強い雲、「**乱**」の付く雲は天気を乱して雨や雪を降らせます。

暖候期《だんこうき》と呼ばれる春から初秋の晴れの日には、積雲のようなモクモクした見た目の雲に出合いやすく、西から前線や低気圧が接近するときには上層雲、中層雲の順に雲が現れ、乱層雲が広がると雨が降ります。季節や気圧配置、天気によって出合える雲は変わるので、雲の名前や分類にも注目して空を見上げてみてください。

種

雲の姿や内部の構造の違いで、毛状《もうじょう》、房状《ふさじょう》、層状《そうじょう》、霧状《きりじょう》、レンズ状、扁平《へんぺい》、ロール状、多毛《たもう》、無毛《むもう》など15種類に分類される。

変種

雲の並び方や透明度で９種類に分類される。もつれ、肋骨《ろっこつ》、波状《はじょう》、放射状《ほうしゃじょう》、蜂《はち》の巣状《すじょう》、二重《にじゅう》、半透明《はんとうめい》、隙間《すきま》、不透明《ふとうめい》がある。

副変種

雲の部分的な特徴で11種類、別の雲と一緒に発生する雲で４種類がある。積乱雲の「かなとこ雲《ぐも》」も副変種の一つ。

●十種雲形の雲

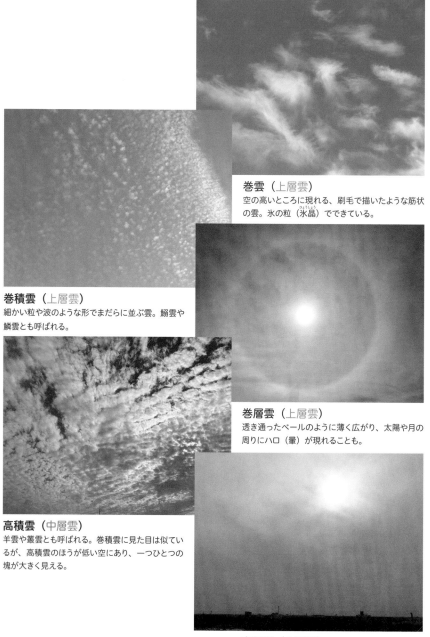

巻雲（上層雲）
空の高いところに現れる、刷毛で描いたような筋状の雲。氷の粒（氷晶《ひょうしょう》）でできている。

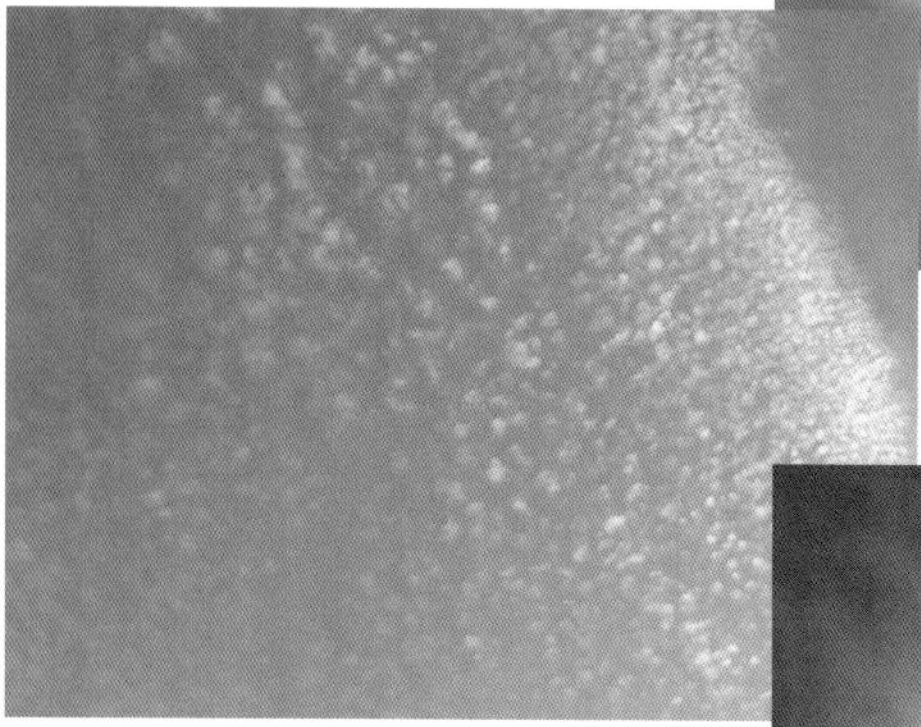

巻積雲（上層雲）
細かい粒や波のような形でまだらに並ぶ雲。鰯雲や鱗雲とも呼ばれる。

巻層雲（上層雲）
透き通ったベールのように薄く広がり、太陽や月の周りにハロ（暈）が現れることも。

高積雲（中層雲）
羊雲や叢雲とも呼ばれる。巻積雲に見た目は似ているが、高積雲のほうが低い空にあり、一つひとつの塊が大きく見える。

高層雲（中層雲）
空全体を広く覆い、朧雲とも呼ばれる雲。太陽がぼんやりと見える。

乱層雲（中層雲）
暗い灰色をした雲で、雨や雪を降らせて天気を乱す雲。

層積雲（下層雲）
曇雲とも呼ばれ、畑の畝のように並ぶ雲。名前の通り、空を曇らせる。

層雲（下層雲）
低い空に層状に広がる雲で、霧雲ともいう。地面に接すると霧に分類される。

積雲（下層雲）
モクモクとした綿のような形の雲。発達して大きくなると、入道雲（雄大積雲）と呼ばれる。

積乱雲（下層雲）
高い空まで発達した雲。雷雲とも呼ばれ、突風や雹《ひょう》をもたらすことがある。

3

ミー散乱

雲の色はなぜ変わるの？

●雲は光の散乱によって白く見える

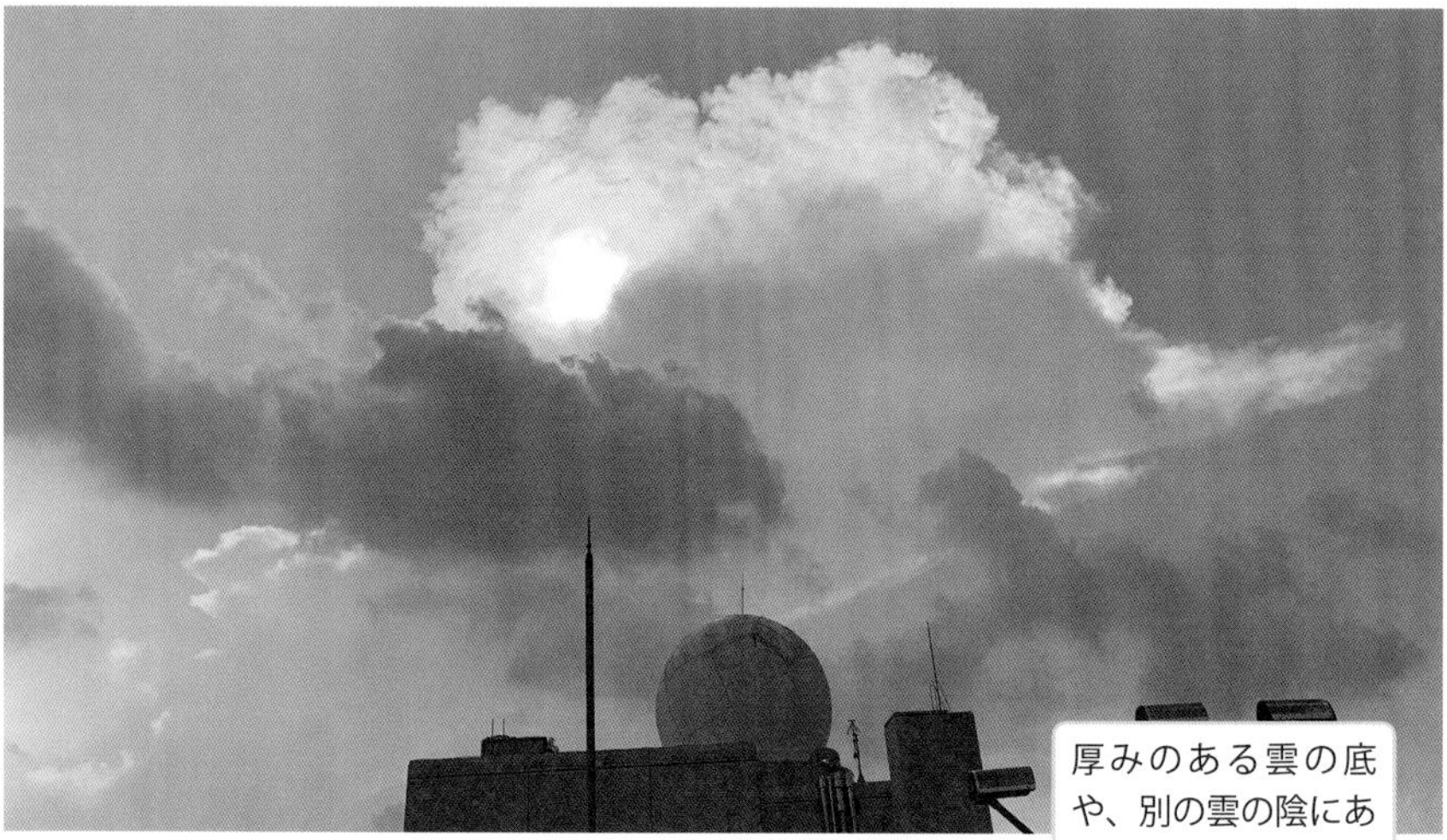

厚みのある雲の底や、別の雲の陰にある雲は灰色になる。

●可《か》視《し》光線《こうせん》の波長と色の関係

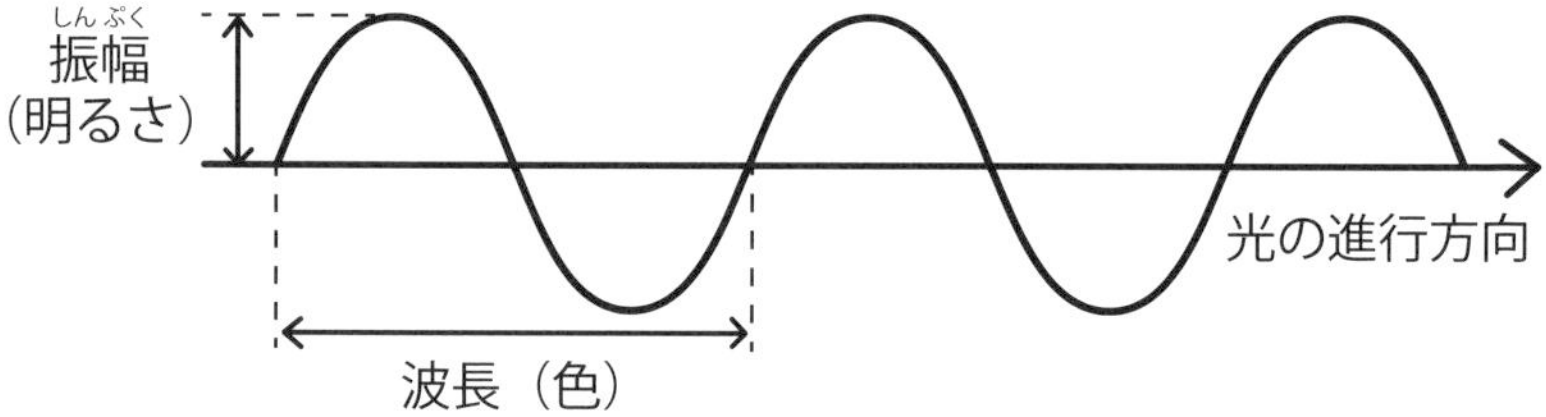

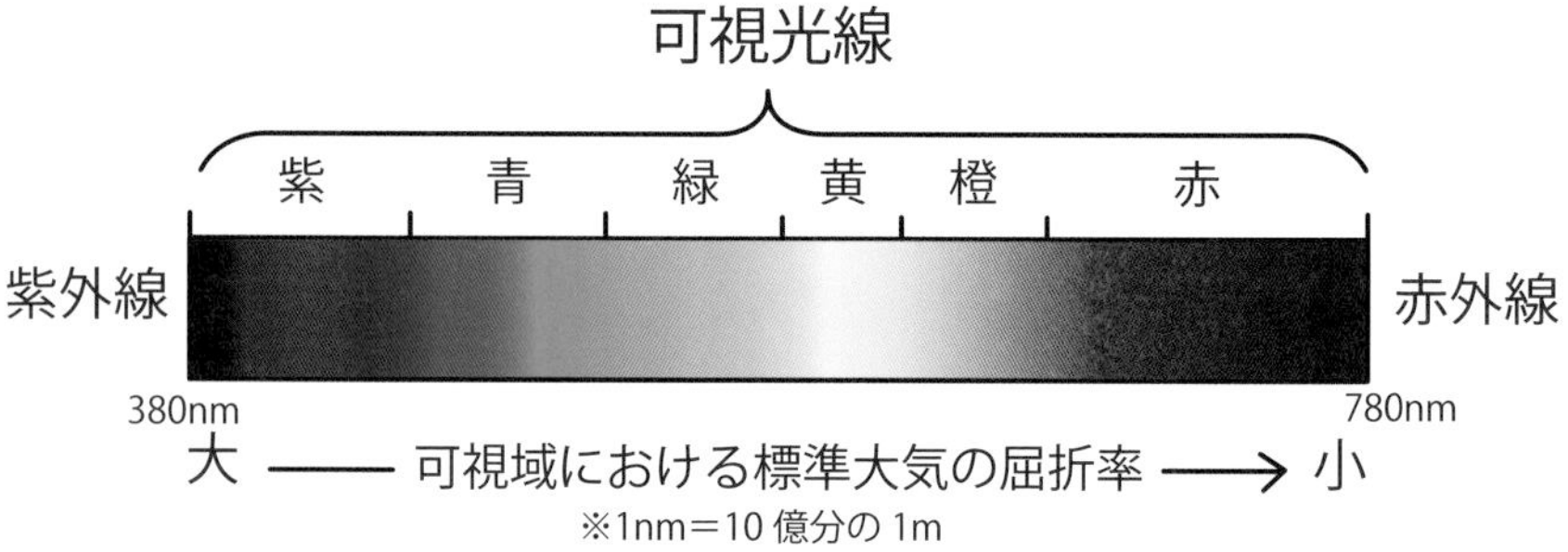

青い空に白い雲――。雲というと白いイメージがありますね。ただ、空を見ていると、晴れのときは朝焼けや夕焼けで赤く染まったり、曇りや雨のときは暗い灰色になったり、様々な色の雲があります。

雲の色を決めるのは光です。私たちの目で見ることのできる**可視光線**は、波長（波一つ分の長さ）によって赤から紫まで色が異なります。太陽の光はこれらの色がすべて混ざっているため、白く見えているのです。可視光線が光の波長と同じか、それより大きな粒子に当たると、波長（色の種類）に関係なく、どの光も同じようにあちこちに散らばる（**散乱する**）性質があります。これを**ミー散乱**といいます。雲をつくる水滴や氷晶などの粒は、可視光線の波長より大きいので、雲に当たった光はあちこちに散乱して色がすべて混ざり、雲は白く見えるのです。

厚みのある雲は、雲の中で光が散乱されすぎて弱まるので、**底の部分が灰色**になり、雨雲などの背の高い雲の底は、より黒っぽい色に見えます。このしくみで、晴れた空に浮かぶ白い積雲の底は、少し灰色に見えることがあるのです。また朝や夕方には、可視光線のうちの**赤っぽい光が雲に当たって散乱**し、雲が焼けます（18ページ参照）。特に、高い空だけに雲があるときは、盛大に焼けることがあって見逃せません。曇りや雨の日でも、実は空の表情は豊かで見応えがあります。ぜひ空を流れる雲に注目してみてください。

ミー散乱

光がその波長と同じかそれより大きな粒子に当たるとき、すべての光が波長に関係なく散乱すること。天使の梯子《はしご》（48ページ参照）や、空気が汚れた日に空が白っぽく見えるのもこの影響。

可視光線

人間の目で見える光のこと。波長によって見える色が変わり、波長が短いほど紫に近く、長いほど赤に近い色になっている。このため、可視光線より短い波長の光は紫外線、長いと赤外線と呼ばれる。

4

レイリー散乱

空が青いのはなぜ？

●レイリー散乱で空は青くなる

高い空は深い青で、
低い空は白っぽい。

●空が青く見えるしくみ

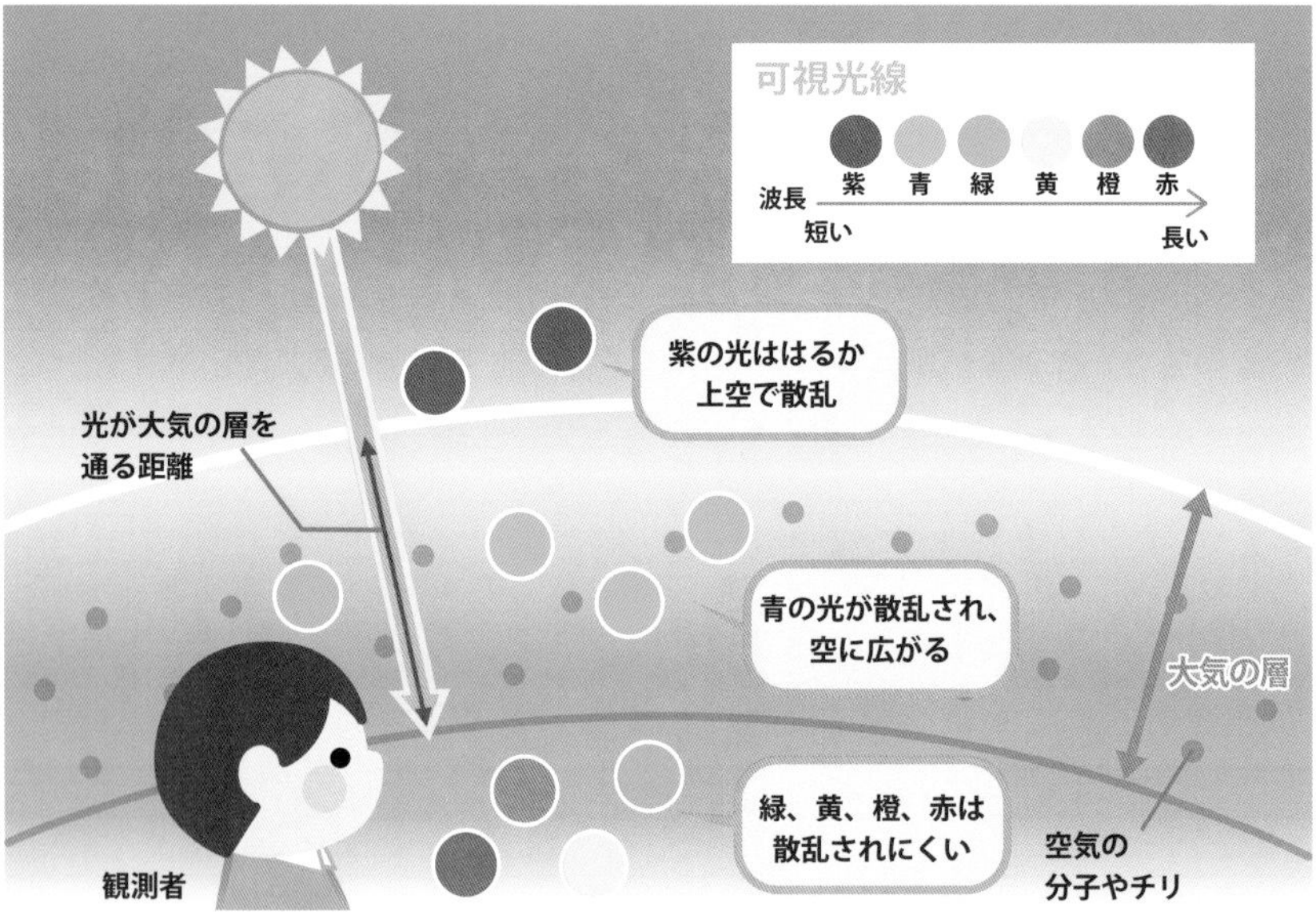

「晴れ」と予報された日には、青空が広がります。空が青く見えるのは当たり前のようですが、実はそれにも理由があります。

太陽から届く光には、紫・青・緑・黄・橙・赤の可視光線が混ざっています。これらの光の波長は**紫に近いほど短く**、**赤に近いほど長い**という特徴があります。太陽光は、地上に届くまでに大気の層を通り、そこで窒素・酸素・**水蒸気**などの空気の分子や、大気中の微粒子（**エアロゾル**）に当たって散乱されます。このとき、紫や青の波長の短い光ほど強く散乱されるという**レイリー散乱**が起こります。最も散乱されやすい紫の光は、はるか上空で散乱されてしまい、地上からは見えません。このため、次に散乱されやすい青い光が空に広がり、日中の晴れた空は青く見えるのです。

快晴の日の青空でも、高さや時間帯、方向によって青の濃さが違います。低い空には水蒸気やエアロゾルが多いため、ほかの色も散乱されて混ざり、やや白っぽく見えます。また、太陽に近い空も太陽からの光が強いため、やや白っぽくなりますが、**太陽と反対側の高い空は濃い青に見えやすい**です。

さらに、同じ「晴れ」でも、太陽が雲に隠れると、空の青さが際立って見えたり、高い空に上層雲が広がると青空にミルクを溶かしたような水色に見えたりするなど、空の青色は奥深いものです。天気予報で「晴れ」と聞いたら、どんな青空になりそうかを気にかけ、空の色を確認してみましょう。

レイリー散乱

光の波長がそれを散乱させる粒子の大きさより大きい場合に起こる散乱。波長の短い光（紫や青）ほど散乱されやすい性質があり、紫の光は赤の光に対して約16倍も強く散乱される。

水蒸気

気体の状態にある水のこと。液体の水が蒸発することや、固体の氷が昇華《しょうか》することで水蒸気になる。大気中に含むことができる水蒸気の量は、気温が高いほど多い。

レイリー散乱

朝焼け・夕焼けのしくみ

●レイリー散乱の影響を強く受けて空が焼ける

●太陽の高度が低いと赤色だけが残る

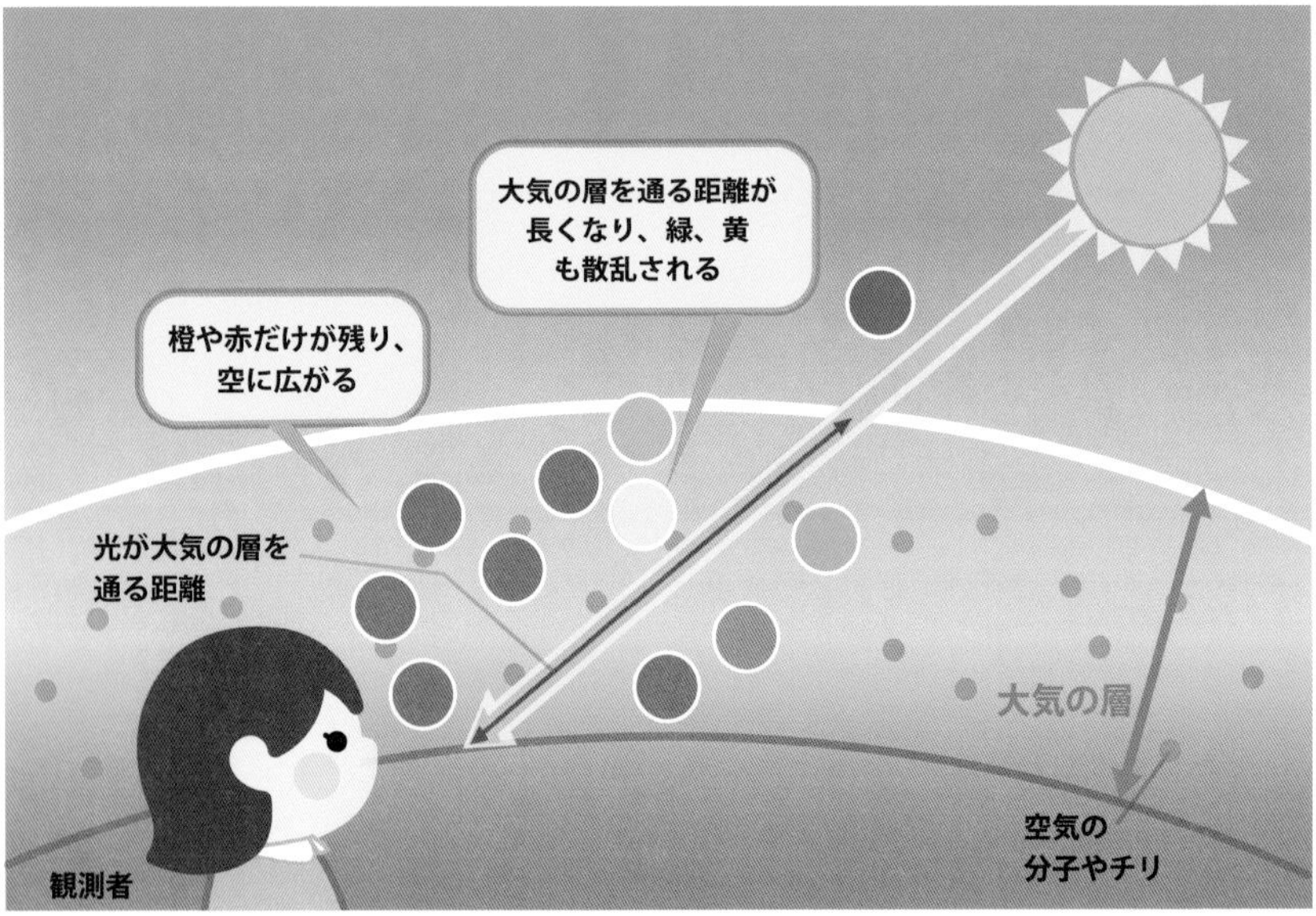

大気の層を通る距離が長くなり、緑、黄も散乱される
橙や赤だけが残り、空に広がる
光が大気の層を通る距離
大気の層
空気の分子やチリ
観測者

真っ赤に焼けた空には、心が動かされることがあります。理不尽なことがあって疲れた日などは、夕焼け空を眺めると心が軽くなるものです。では、空が焼けるのはどんなときなのでしょうか。

朝や夕方には太陽の高度が低くなり、太陽の光が私たちの目に届くまでに、**大気**の層を通る距離が日中より長くなります。すると、**可視光線**（14ページ参照）は**レイリー散乱**（16ページ参照）の影響を強く受け、波長の短い青や緑などの光は散らばり切ってしまいます。そして、**赤い光だけが残り**、雲に当たるため、焼けた空が生まれるのです。レイリー散乱が最も効くのは、高い空だけに雲があるとき、日の出前・日の入り後に、地平線の下にある太陽からの光が雲に当たっている状況です。このようなときには盛大に雲が焼けてくれます。

また、大気中の微粒子（**エアロゾル**）が多く、空が汚れている日の朝や夕方には、深紅の太陽に出合えることがあります。エアロゾルが多いと太陽光はレイリー散乱の影響をより強く受けて太陽の光は弱くなり、低い空の太陽が赤黒く見えるのです。

曇りや雨でなければ、雲が多少あっても、焼けた空に出合えます。天気予報で黄砂《こうさ》の飛来や花粉の飛散が伝えられているときは、深紅の太陽に出合えるチャンスです。天気予報を上手に使って焼けた空を狙ってみましょう。

エアロゾル

大気中に浮遊する目に見えないほど小さな微粒子。自動車や工場からの排ガスなど人間活動により生じる「人為起源《じんいきげん》エアロゾル」、黄砂や花粉など自然界で生じる「自然起源エアロゾル」などがある。

大気

地球を覆う気体。大気の組成は約78％が窒素、約21％が酸素、約１％がアルゴン、約0.04％が二酸化炭素（そのほか微量な気体を含む）。水蒸気は時空間変動が大きいため、大気の組成に含まない。

6

放射冷却

気温はどうして変わるの？

●地軸の傾きと公転による季節の変化

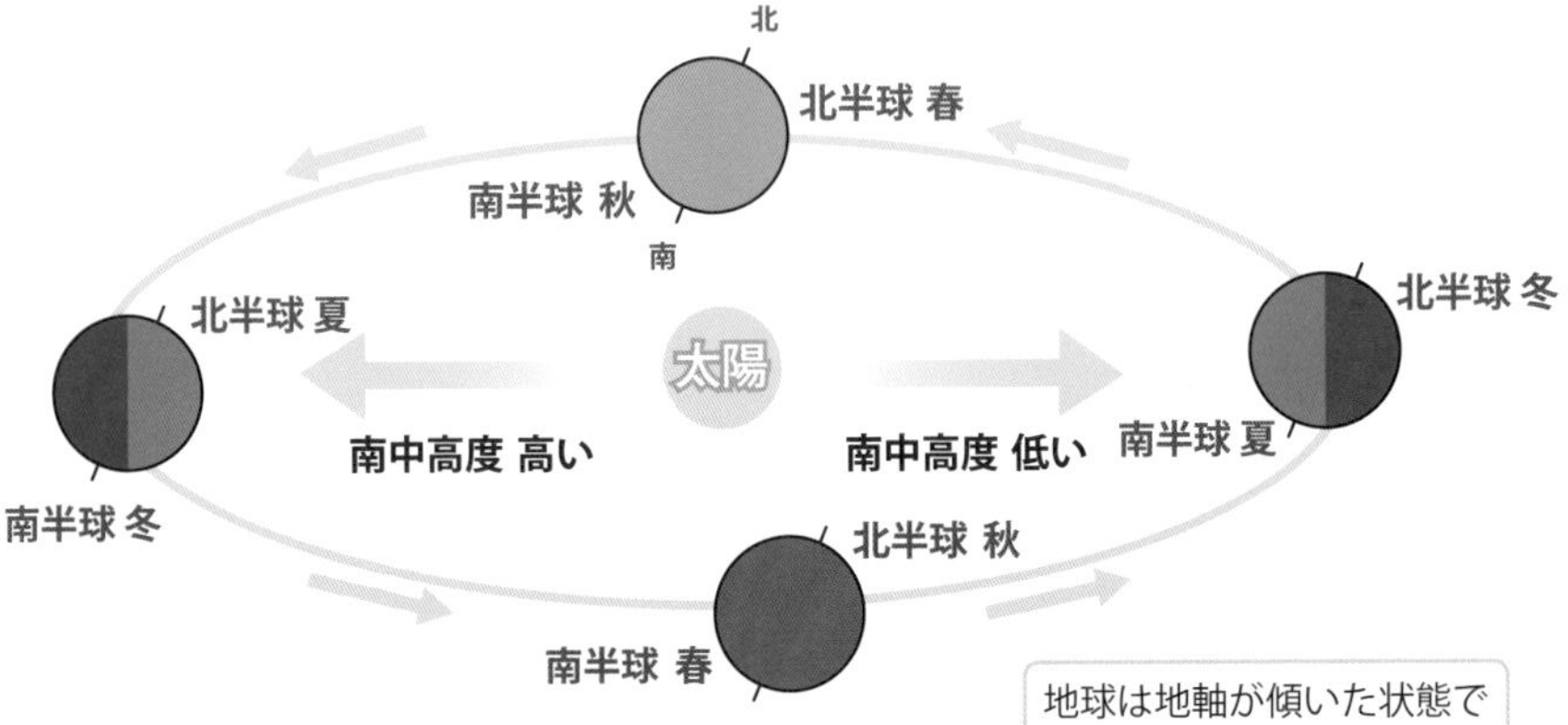

※南中高度は北半球に対する高低を表す

地球は地軸が傾いた状態で太陽の周りを公転するため、季節によって太陽放射を受け取る量が異なる。これにより四季が生まれる。

●放射冷却のしくみ

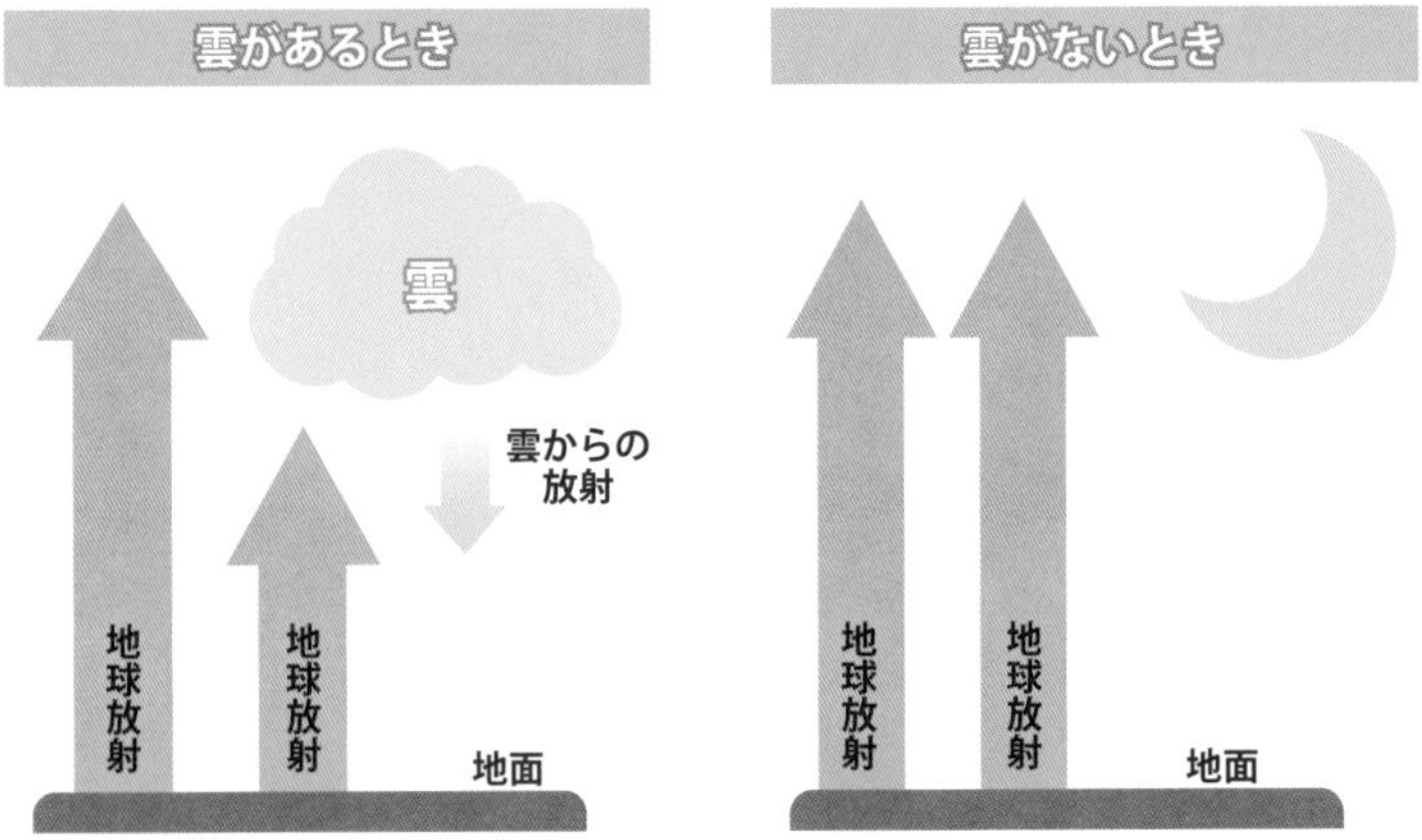

熱の一部が雲により吸収・反射され、放射冷却が弱まる。

雲などの遮るものがないので、熱は宇宙空間へ逃げ、地表面が強く冷える。

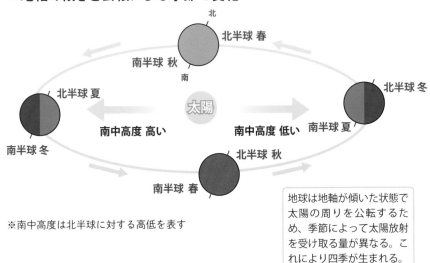

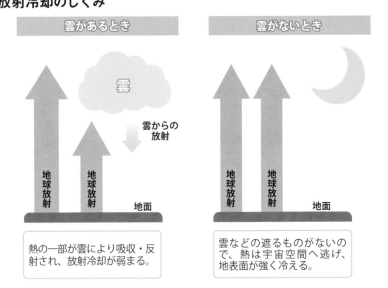

「夏は暑く冬は寒い」というように、季節により気温が大きく変わるのはなぜでしょうか。これは、**地球が地軸（自転軸）を約23・4度傾けたまま太陽の周りを公転**しているためです。

太陽から熱エネルギー（太陽放射）を受け取る量は、**太陽の光の地表面に届く角度（高度角）が直角に近いときほど多くなる**という特徴があります。このため北半球では、北極が太陽の方向に傾く6〜8月頃が最も暑くなるのです。地球も熱を放出（地球放射）しており、冬は太陽放射で受け取る熱より地球放射の量が多くなるので、気温が下がります。

気温は時刻によっても変化します。太陽はおおよそ正午に**南中高度**に達し、地表面が太陽から受ける熱が最も多くなります。太陽放射が地球放射より強い間は気温が上がり、夕方には地球放射のほうが強くなって気温が下がり始めるため、午後2時頃に最高気温が観測されることが多いのです。

よく晴れた風の穏やかな夜の翌朝は冷え込みが強まります。これは、夜間に地球放射による**放射冷却**がよく効くためです。一方、曇りの日の夜は、雲が地面から逃げた熱を吸収・反射し、その一部を再び地上へ向かって放射するため、放射冷却が効きにくくなります。つまり、雲が布団のような役割を果たすのです。天気予報で「放射冷却が強まる」と聞いたら、翌朝の冷え込みに備え、暖かくして休みましょう。

放射冷却
地面からの赤外放射により熱が空へと逃げ、冷えた地面に接した空気が冷やされることで、地上の気温が下がることを指す。

南中高度
太陽が真南に位置したときに見える最大の高度。季節により変わり、北半球では夏至に最も高く、冬至に最も低くなる。

放射
電磁波によるエネルギーの放出のこと。太陽からの放射を太陽放射、地球からの放射を地球放射という。

相対湿度

湿度はどうして変わるの？

● 相対湿度と水蒸気量の関係

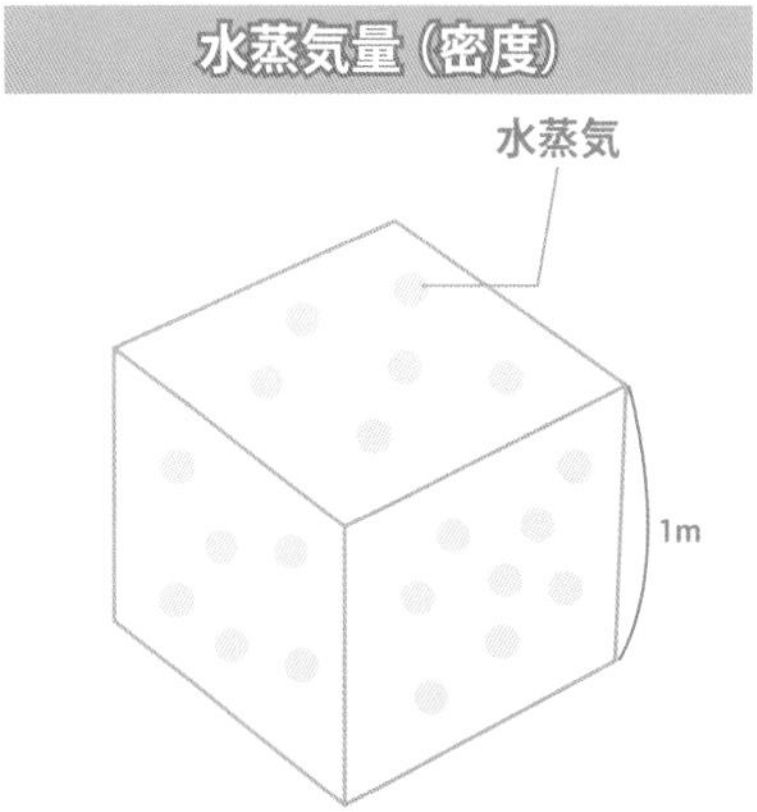

1m³に含まれる水蒸気の重さ（g/m³）

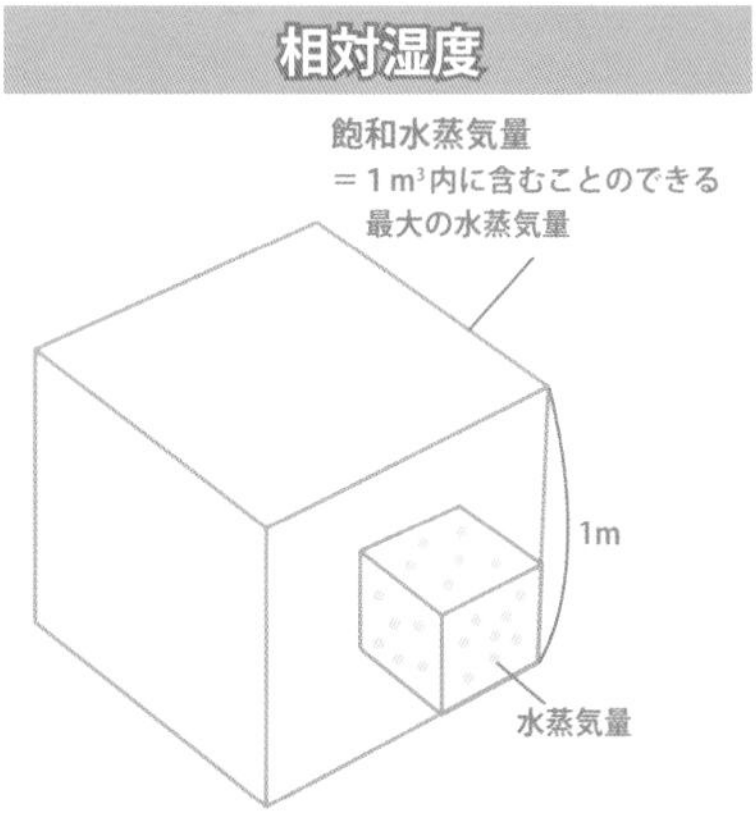

水蒸気量÷飽和水蒸気量×100（%）

● 東京の気温と湿度の変化（2020年8月）

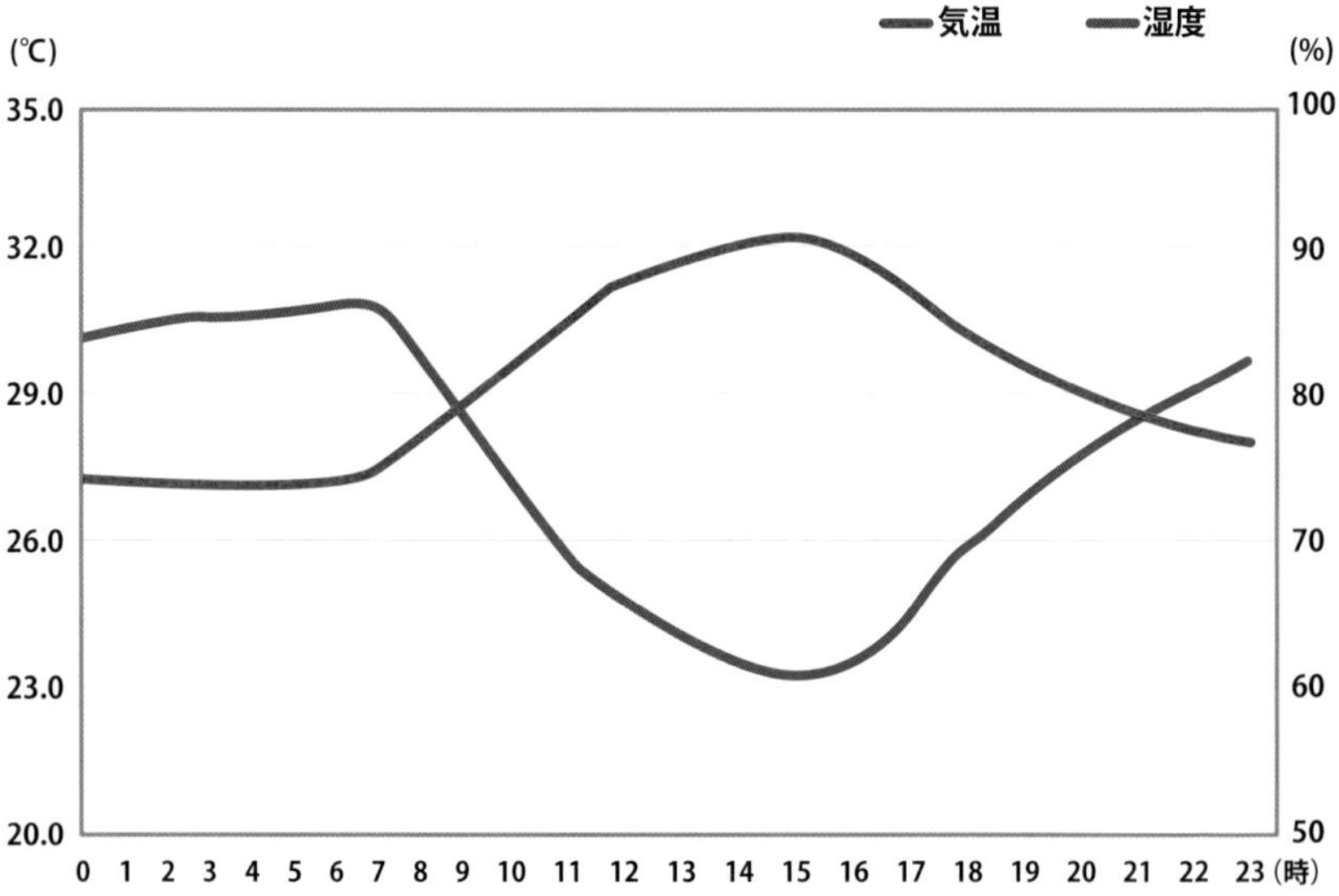

※東京の気温・湿度を時刻ごとに平均した値

天気予報で「明日の湿度は30％まで下がり、空気が乾燥するでしょう」というように使われる湿度は、正確には**相対湿度**といい、空気の湿り具合を0〜100％の数値で表しています。

空気中の水蒸気量が同じと仮定した場合、相対湿度が時間や場所によって変化する理由は、気温にあります。なぜなら、気温によって空気中に含むことのできる水蒸気の量（**飽和水蒸気量**）が異なるためです。空気は**温度が高いほど多くの水蒸気を含むことができ**、低いほど含むことができる量が減ります。このため、1日の中では、気温の上がる日中ほど相対湿度は小さくなり、気温の下がる朝晩は大きくなりやすいのです。

また、季節によっても相対湿度は変わります。これは気圧配置により、どのような空気が流入するかが異なるためです。**梅雨《つゆ》から夏にオホーツク海高気圧から湿った空気が流入**すると、関東地方から東北地方では気温が下がり、相対湿度が大きくなります（88ページ参照）。

一方、**西高東低の冬型の気圧配置**になると、関東地方には北よりの空《から》っ風《かぜ》が吹き、空気が乾燥します（96ページ参照）。また、雨が降ると雨粒の蒸発によって水蒸気が増えるとともに気温が下がり、相対湿度が大きくなりやすいのです。**雪の昇華**でも同じことが起こります。冬型の気圧配置のときに日本海側で雪が降る場合、相対湿度の大きい状況が続きます。加湿器や除湿器などを使い、適度な湿度管理を心がけましょう。

飽和水蒸気量

空気1m³に含むことのできる水蒸気の量。単位はg/m³。飽和水蒸気量は気温によって変わり、低温な空気ほど小さく、高温な空気ほど大きくなる。

相対湿度

空気がどの程度湿っているかを表す割合で、単位は％（パーセント）。飽和水蒸気量のうち、何％の水蒸気が空気中に含まれているかを示す。一般に湿度というと相対湿度を指す。

核形成《かくけいせい》

雲はどうやってできるの？

● 水の相変化《そうへんか》と潜熱《せんねつ》の吸収・放出

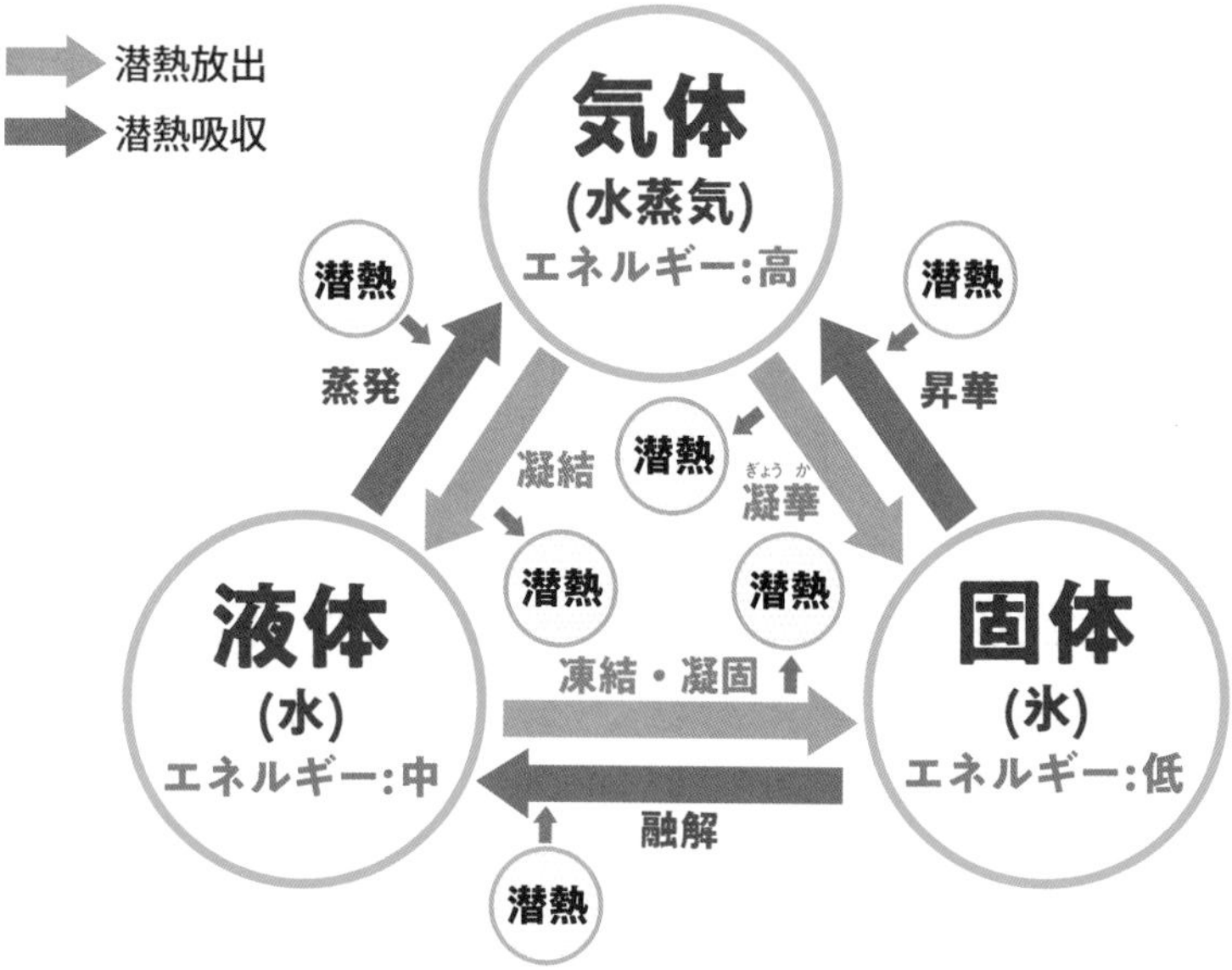

● 立ちのぼる湯気も雲の一種

空を見上げると、雲は当たり前のように浮かんでいます。雲はどのようにしてできるのでしょうか。

雲とは、空に浮かぶ無数の水や氷の粒の集合体のことです。液体の「水」は固体の状態では「氷」、気体の状態では「水蒸気」と呼ばれ、別の状態（相）へ姿を変えることを**相変化**といいます。たとえば、水蒸気を含む空気が冷えると、やがて**飽和**（湿度１００％）に達し、空気が**含めなくなった水蒸気が水の粒に変化**します。この水の粒が雲なのです。また相変化に伴い、**潜熱**が空気と水との間でやり取りされており、水蒸気が水の粒に変化するときには潜熱が放出されます。そのため、雲の中は周囲より少し暖かくなっています。

水蒸気が水や氷の粒になるには、雲の芯となる、目に見えないほど小さなチリ（**エアロゾル**）も必要です。水や氷の粒の核となるチリは、それぞれ**雲凝**《くもぎょう》**結核**《けっかく》**や氷晶核**《ひょうしょうかく》と呼ばれ、工場の煙や海から出た塩などに由来します。このように、空気中に浮かぶチリが芯になり核としてはたらくことで、水蒸気が凝結したり凝華したりして、水や氷の粒が生まれるのです。この過程を**核形成**といいます。チリの全くない環境では、水や氷の粒はほとんど発生しません。

私たちの身近な生活の中でできる雲もあります。実は、熱々のコーヒーから立ちのぼる湯気や、寒い冬の日に吐く白い息も、水蒸気が冷やされて生まれる雲の一種です。なお南極では、動植物や人間の活動が少ないために雲の芯になるチリがとても少なく、息を吐いても白くなりません。

核形成
エアロゾルが芯としてはたらき、雲の粒が生まれる過程のこと。エアロゾルの性質により核形成の速度などが異なる。

潜熱
水が相変化をするとき、相ごとにエネルギーが異なるために水と空気の間を行き来する熱。融解熱や気化熱、凝華熱など。

水の相変化
水が水蒸気（気体）、水（液体）、氷（固体）の３種類に姿（相）を変えること。同じ温度でも相によってエネルギーが異なる。

9

冷たい雨

雨はなぜ降るの？

●雨が降るしくみ（冷たい雨）

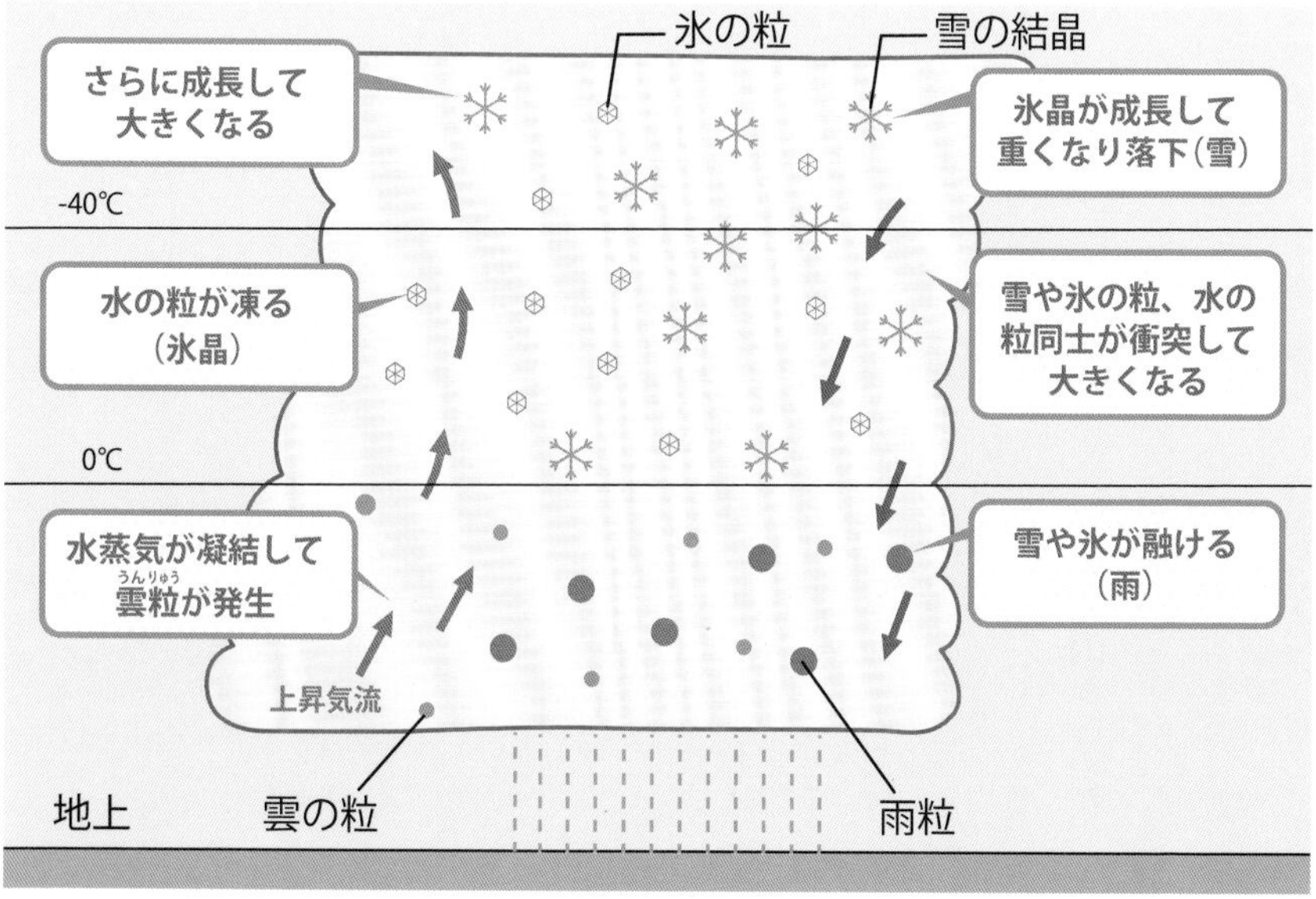

●日本の雨は上空の雪が融けたものが大半

雨がはるか高い空で成長したことを想像すると、雨の日もちょっと楽しくなる。

東京都心で1年間に雨が降る日数は、統計的に約195日。なんと1年の半分以上もあるのです。雨は身近なものですが、どのような過程を経て地上に落ちてくるのでしょうか。

日本で降る雨のほとんどは、一度は氷になっている**冷たい雨**です。積乱雲や乱層雲などの雨を降らせる雲は、背が高いため、雲の高いところの温度は真夏でも氷点下になっています。雲の粒（雲粒）が0℃より低温の空まで上昇すると、凍って氷の粒（氷晶）になり、さらに水蒸気を吸って大きくなると**雪の結晶**になります。

雪の結晶は自身の重さで落下し、やがて0℃より高温の空に達すると、融けて雨になります。雨粒は水蒸気を取り込む**凝結成長**だけではなく、雨粒同士がくっつく**衝突・併合成長**で加速度的に成長し、ある程度大きくなると**分裂**して地上に降ってきます。冬に雪が降るのは、地上付近まで冷えていて、雪が融けずに地上に降ってくるためです。

冷たい雨に対して、雲粒が氷にならず、最初から最後まで水のまま成長して降る雨は**暖かい雨**と呼ばれます。ただし、天気予報で「明日は冷たい雨が降るでしょう」と使われる場合は、「雨で気温が上がらず、空気がヒンヤリする」ときです。防寒を勧めるときに使い、気象学的な「冷たい雨」とは意味が異なります。雨が降ってきたら、雨粒が経験してきた壮大な旅に思いを馳せると、愛おしく感じられるかもしれません。

分裂
大きくなった雨粒が複数の小さな水滴に分かれること。雨粒が半径2.5〜3mmを超えると起こりやすい。

衝突・併合成長
大きな落下速度をもつ雲粒が相対的に小さな落下速度の雲粒に衝突し、合体しながら成長すること。加速度的に成長する。

凝結成長
雲粒に周囲の水蒸気が取り込まれて凝結し、成長すること。小さな水滴ほど急速に成長し、大きくなると遅くなる。

昇華冷却

雪はなぜ降るの？

●雪の結晶と霰《あられ》

樹枝状の結晶。湿った雪雲で大きく成長したもの。

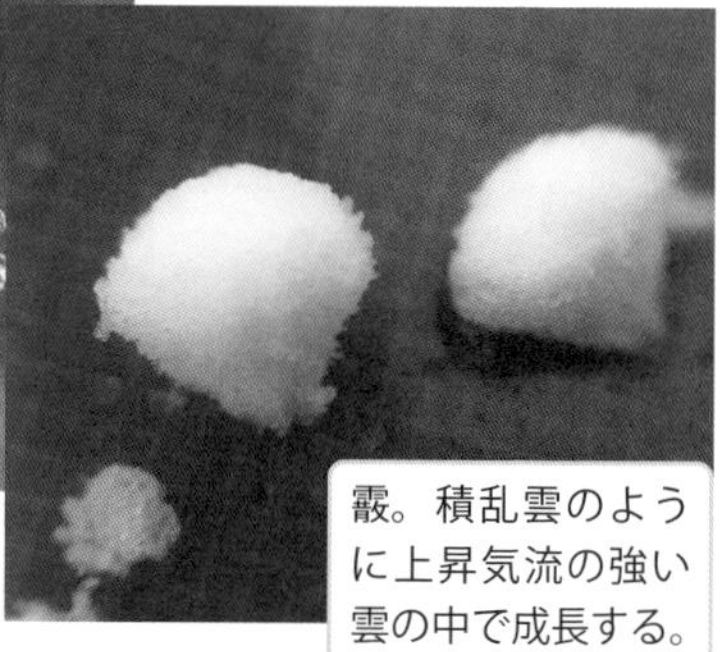

霰。積乱雲のように上昇気流の強い雲の中で成長する。

●雪の結晶の形と気温・水蒸気量の関係（小林ダイヤグラム）

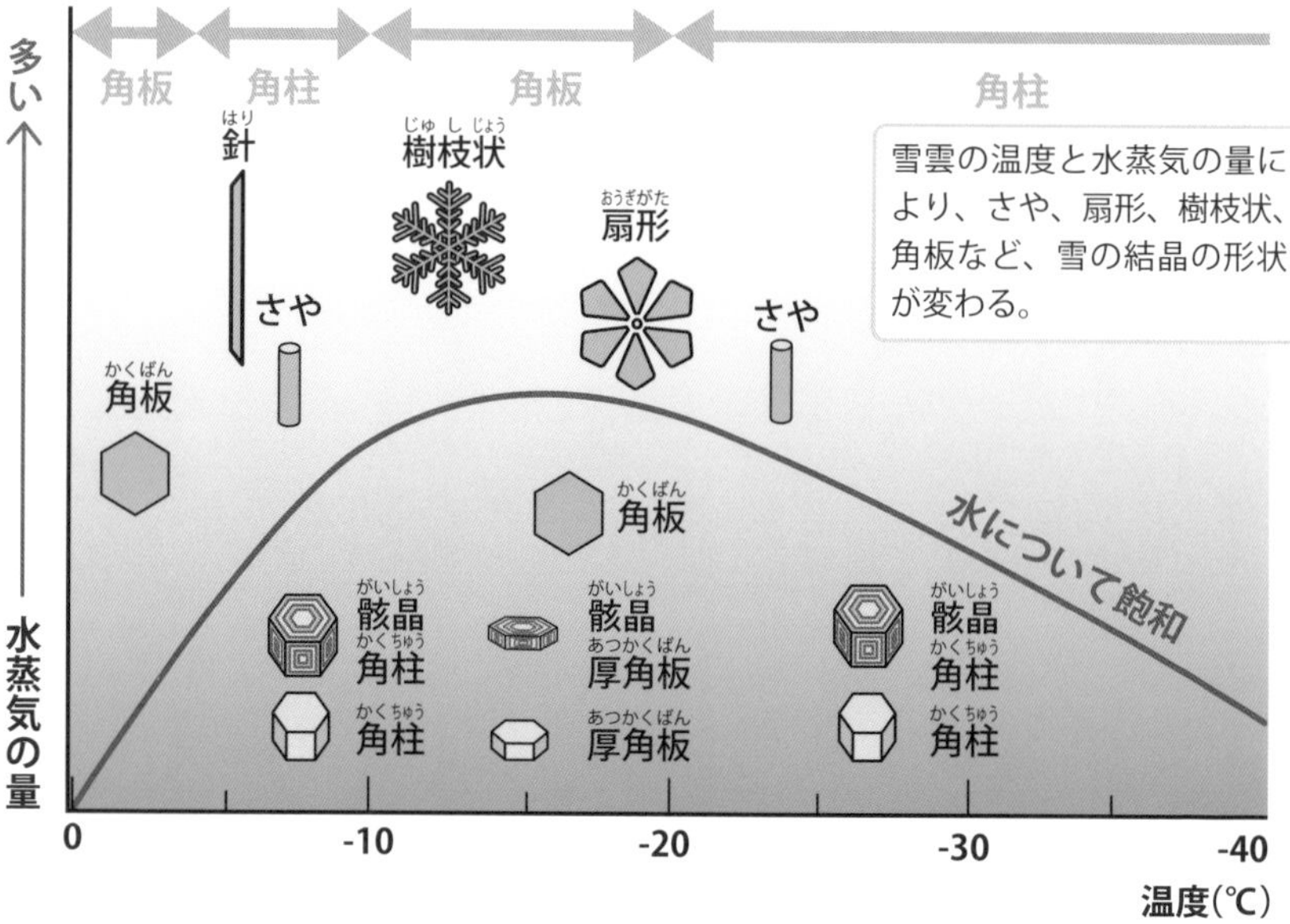

雪雲の温度と水蒸気の量により、さや、扇形、樹枝状、角板など、雪の結晶の形状が変わる。

冬でもあまり雪の降らない太平洋側の地域では、雪の予報が出るとワクワクする方もいるかもしれません。

低温な空の雲は、氷の結晶（氷晶）でできています。氷晶は周囲の水蒸気を取り込む**凝華成長**によって大きくなり、雪の結晶になります。また、氷の塊である「霰」が降ることもあります。霰は、雪の結晶が落下する際、０℃以下でも液体のまま存在する**過冷却**の雲粒がくっついて凍りつくことで大きくなる、**雲粒捕捉成長**を経て生まれています。

落下する雪の結晶がそのまま降るか、融けて雨になるかは、地上付近の気温と湿度が大きく関係します。地上付近の気温が低いと、融けずに雪のまま落下し、雪か雨かの境目の温度だと、雪に雨が混じった「霙《みぞれ》」に、気温が高ければ融けて雨になって降るのです。しかし気温が高くても、湿度が低く空気が乾燥していると、雪から効率よく**昇華**（蒸発）が起こるために潜熱が吸収され、結果的に雪は自分自身を冷やしながら落下します。そのため、融けずに雪のまま降ってくることがあるのです。

雪の日は美しい雪の結晶を観察するチャンスです。雪の結晶は霙や雹なども含め、全部で１２１種類とする分類もあります。そのうち、大きく成長した樹枝状などの結晶は、暗い色の生地で受け止めれば、肉眼でも確認できます。１００円ショップで入手できるスマートフォン用マクロレンズを使うと、きれいな結晶を撮影できるので、ぜひチャレンジしてみてください。

雲粒捕捉成長

雪の結晶や凍結した雲粒が、雲の中を落下する途中、表面に付着した過冷却の雲粒が凍結して大きく成長すること。

過冷却

温度が０℃以下でも凍らない状態であること。雲の中では、液体の雲粒は０℃以下でもなかなか氷晶にならない。

凝華成長

氷晶や雪の結晶が水蒸気を取り込み、凝華して成長すること。凝華成長の速度は水滴の凝結成長よりかなり大きい。

気圧傾度力《きあつけいどうりょく》

風はなぜ吹くの？

● 気圧傾度力で空気が動いて風が吹く

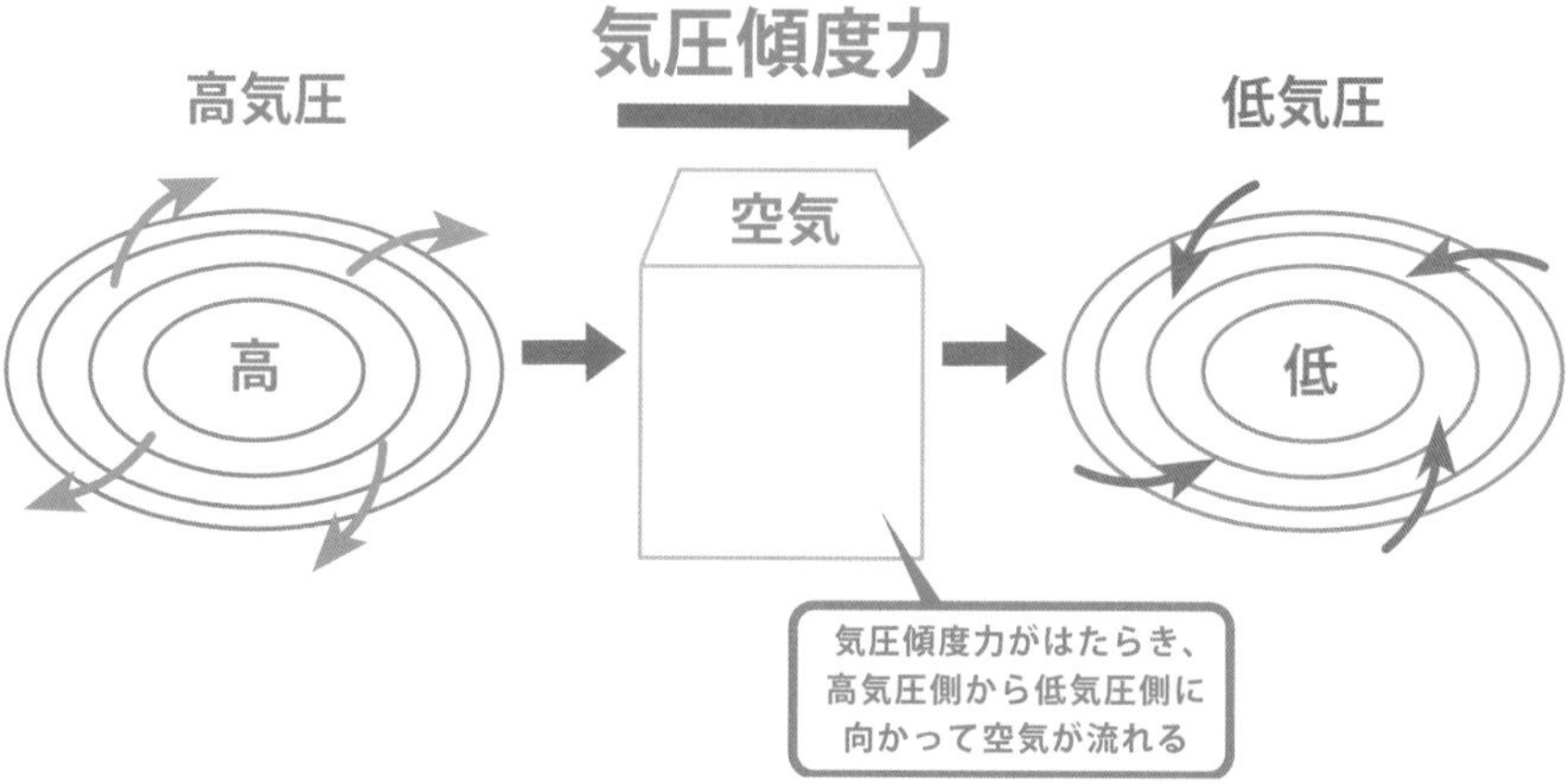
気圧傾度力
高気圧
低気圧
空気
高
低
気圧傾度力がはたらき、
高気圧側から低気圧側に
向かって空気が流れる

● 風向と風速を観測する風車型風向風速計

ビュービューと音はするのに、目には見えない風。それでも、風が吹くことで暖かく感じたり寒く感じたりするなど、風は私たちの生活と密接に関わっています。そもそも、風はどのように生まれるのでしょうか。

風とは、**空気が流れて動く現象**です。風は、低気圧と高気圧の間など、**気圧に差(傾き)のある場所**で吹きます。低気圧は周囲より気圧が低いところ、反対に高気圧は周囲より気圧が高いところのことで、「何hPaまで下がると低気圧」というような具体的な数値の基準はなく、あくまで周囲と比べて相対的に気圧が高いか低いかで決まります。

高気圧と低気圧の間では、気圧が傾くことで生まれる**気圧傾度力**という力がはたらき、空気は**高気圧側から低気圧側に**動いて流れます。この空気の動きが風の正体なのです。

目に見えない風を測る観測機器の一つが、**風車型風向風速計**です。この測器は、「飛行機に似た形状の尾翼とプロペラなどで構成されていて、風が尾翼に当たると、プロペラが風上に向くように回転します。その向きが風向き(風向)となり、プロペラの回転数で速さ(風速)を測ります。

風を感じたら、天気図で低気圧と高気圧の位置などの気圧配置を確認し、どこから吹いてきた風なのかを想像してみるとおもしろそうです。

風向・風速

風向は、風の吹いてくる方向のこと。たとえば、南から吹く風は南風という。風速は、空気の移動する速さを指す。

気圧傾度力

２地点間で水平方向に気圧の差があるときにはたらく力のこと。気圧が高いほうから低いほうに向かって力がかかる。

気圧

空気がものを押す力のこと。単位はhPa(ヘクトパスカル)を使う。ある地点の上空に積み重なっている空気の重さに相当。

低気圧・高気圧

低気圧と高気圧はなぜできるの？

●低気圧・高気圧が発生するしくみ

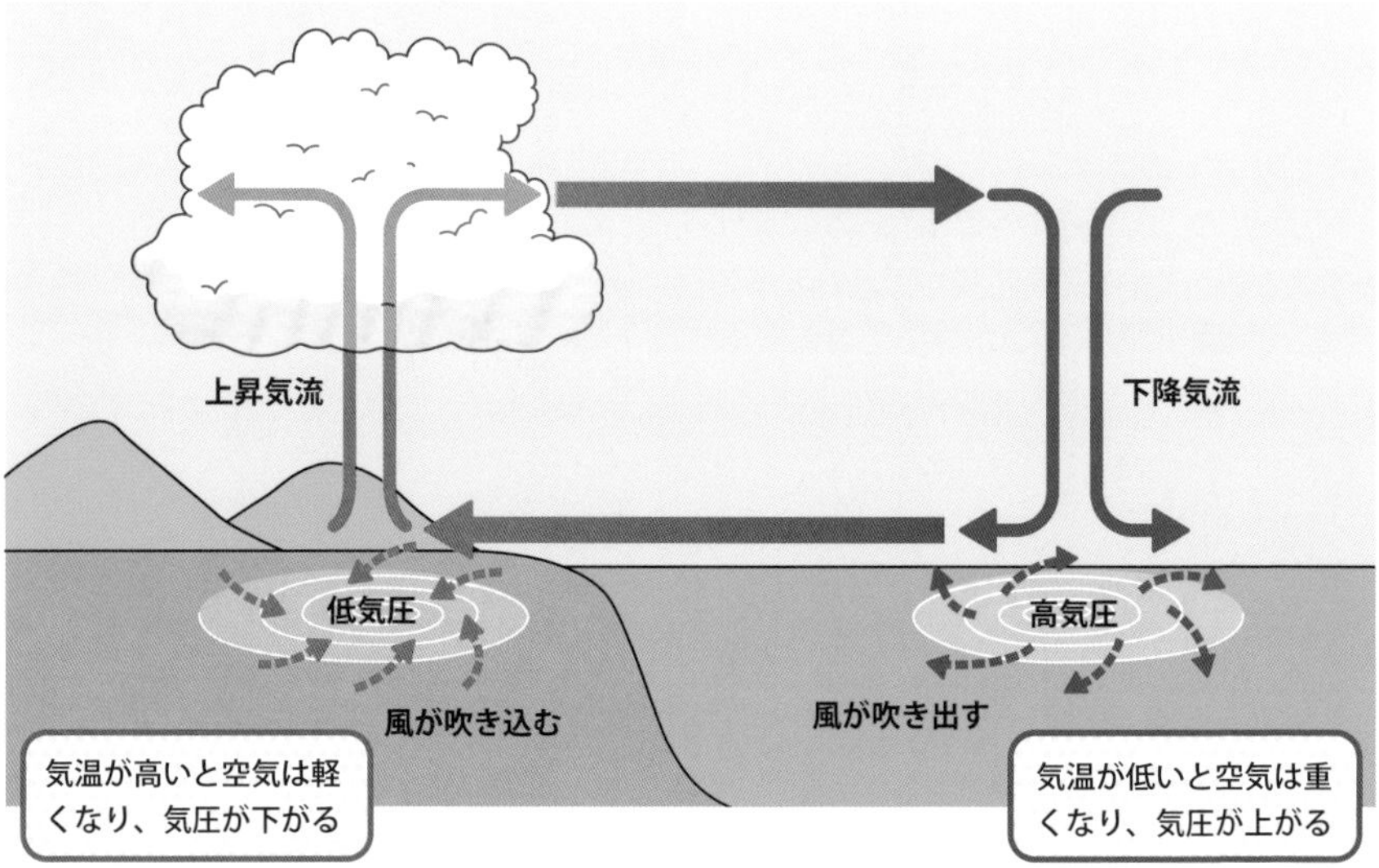

●低気圧・高気圧と雲の分布

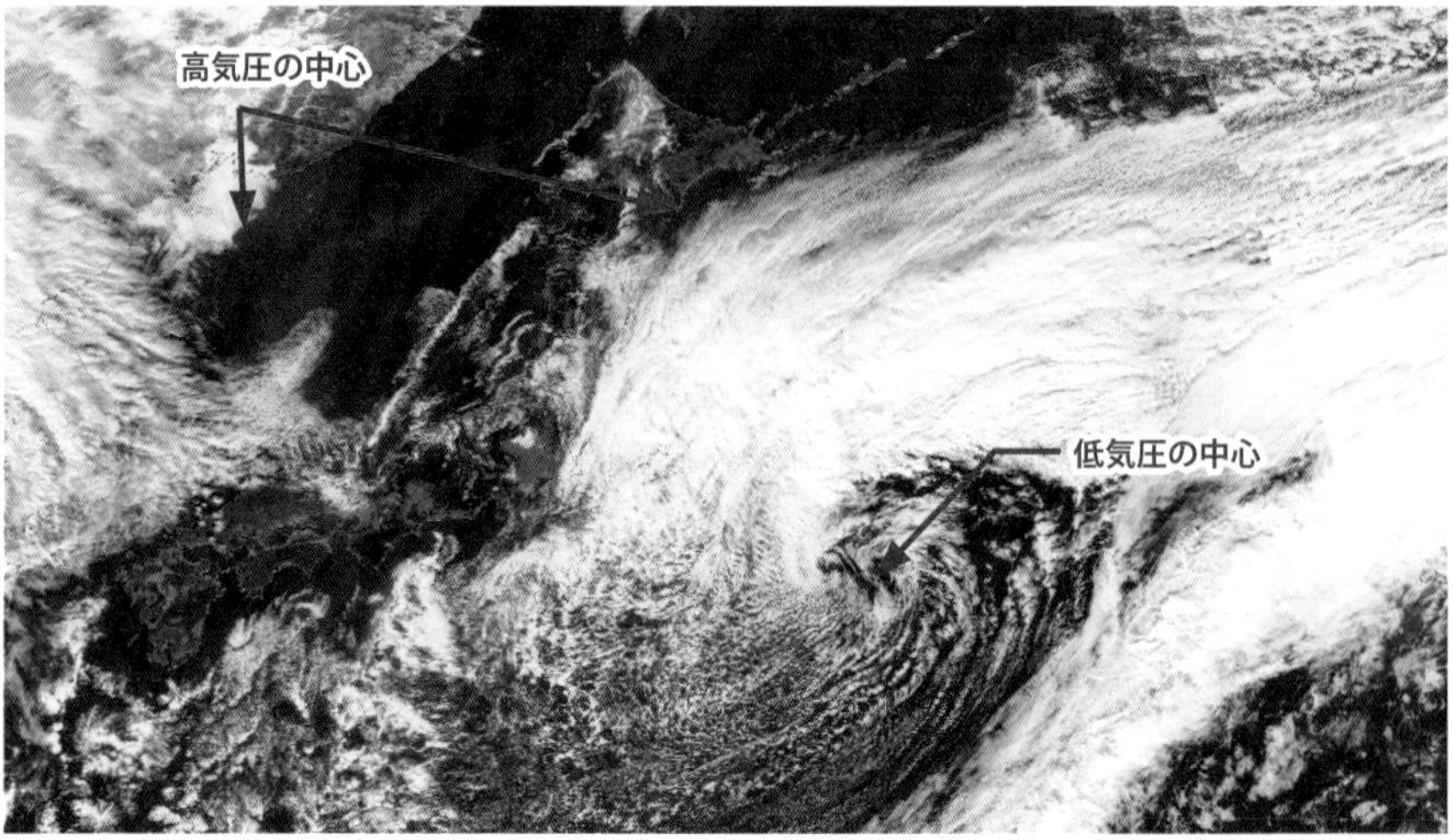

天気図でよく見かけるのが、**低気圧**と**高気圧**です。そもそも気圧とは、空気がものを押す力（30ページ参照）のことで、ある地点の**地上から上空までの空気の重さ**と考えることができます。

低気圧や高気圧が生まれるのは、時間や場所により、空気に温度差が生じるためです。空気が温まると膨張して密度が小さくなるので、地上から上空までの空気は周囲と比べて軽くなり、地上の気圧が低くなって低気圧が発生します。一方、空気が冷えると縮んで密度が大きくなるので、地上から上空までの空気は重くなり、地上の気圧が高くなって高気圧が生まれるのです。

また、陸と海の**比熱**《ひねつ》には違いがあるため、日中は、温まりやすい陸上で気圧が低くなりやすいのに対して、温度が相対的に低い海上では気圧が高くなりやすいのです。夜間は、放射冷却（20ページ参照）の影響で陸上のほうが温度は下がりやすく、気圧の分布も日中と逆になるのです。

低気圧の周辺では、地球の自転によって生じる**コリオリの力**の影響により、風は低気圧の中心に向かって反時計回りに吹き込みます。吹き込んだ風が上昇気流をつくり、空気がもち上がることで冷えて雲が発生するため、低気圧のあるところでは雨や雪が降りやすいのです。一方、高気圧の周辺では、中心から時計回りに風が吹き出します。減った分の空気を補うために、中心付近では下降気流が生じ、雲ができにくくなって晴れるのです。天気図で低気圧や高気圧の位置を確認し、自分のいる場所の天気を予想してみましょう。

コリオリの力

地球の自転による見かけ上の力のこと。運動する物体に対してはたらき、この力がはたらくと、風は北半球では進行方向に対して右に、南半球では左に曲げられながら吹く。

比熱

物質１kgの温度を1℃上げるために必要な熱量のことで、物質により異なる。陸は海に比べて比熱が小さいため、温まりやすく、冷めやすい。逆に、海は温まりにくく、冷めにくい。

前線

前線ってどんなもの？

●代表的な前線の種類

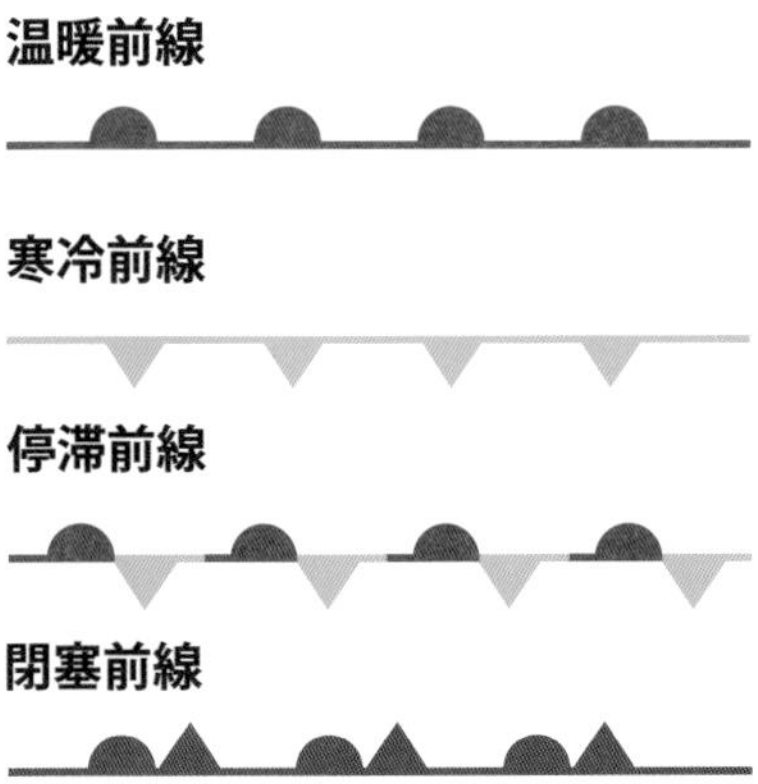

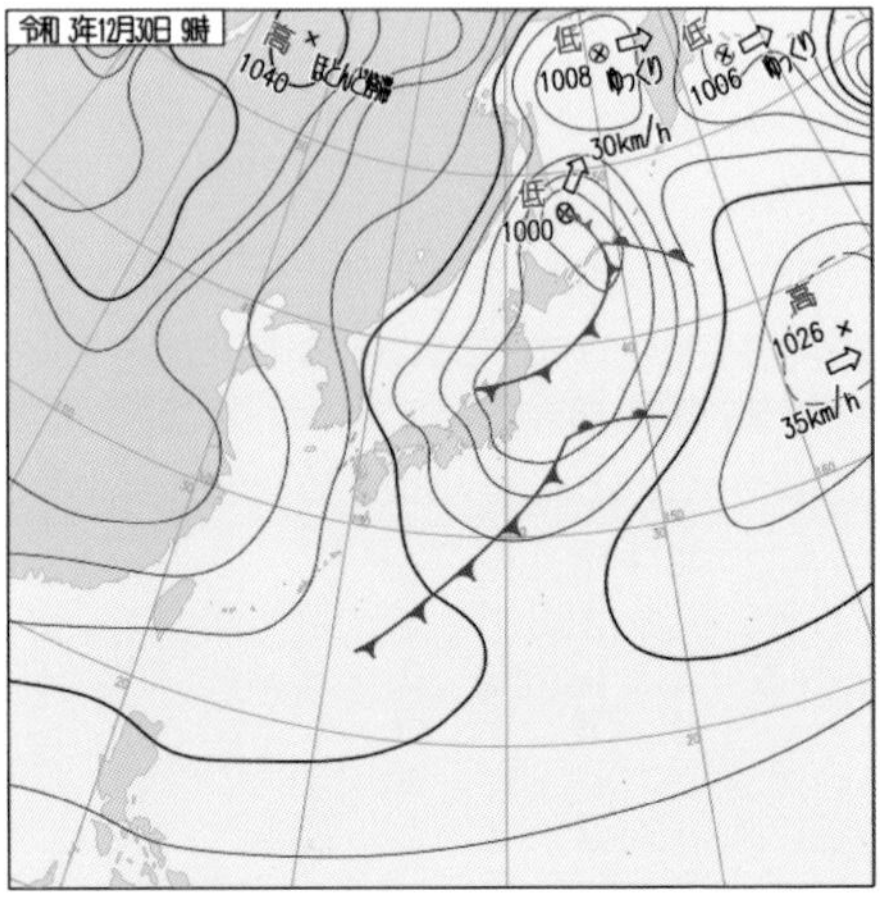

●寒冷前線と温暖前線の構造と雲

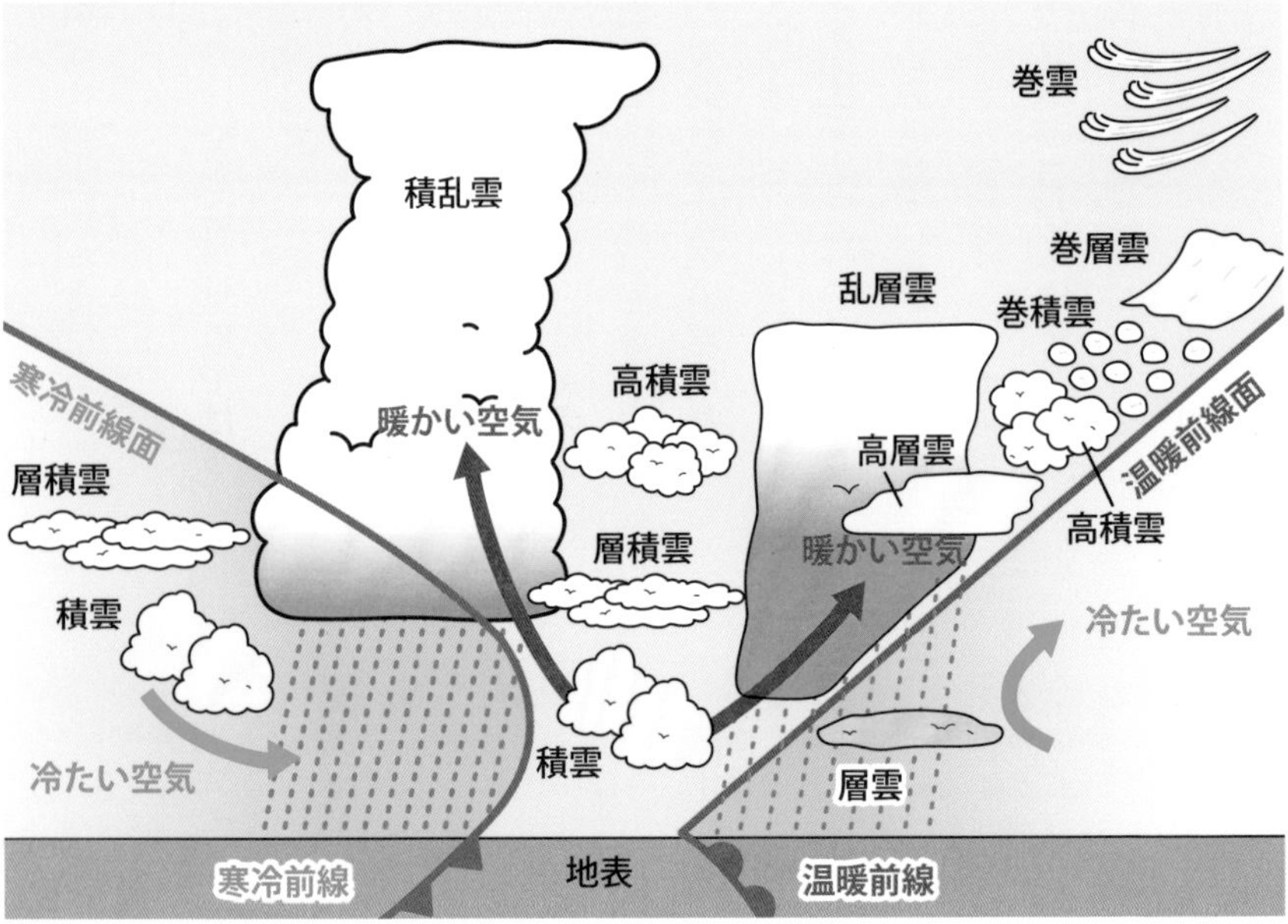

低気圧や高気圧とともに、天気図によく登場するのが**前線**です。前線とは、**暖かい気団と冷たい気団が接する境目**です。性質の異なる気団が接するところでは、冷たくて重い空気の上に、暖かくて軽い空気が乗り上げます。こうして生じる上昇気流により、雨雲が発生します。このため、**前線付近では雨が降りやすい**のです。

前線は大きく分けると、**温暖前線**、**寒冷前線**、**停滞前線**、**閉塞前線**の4種類です。温暖前線では、暖気の勢いが寒気より強く、暖気が寒気の上を這《は》い上がるようにして進み、水平方向に乱層雲が広がります。このため、シトシトと長い時間、雨が降ることが多いのです。一方、寒冷前線では、寒気の勢いが暖気より強いため、寒気が暖気の下に潜り込むようにして進みます。すると、暖気が勢いよく上昇して鉛直《えんちょく》方向に積乱雲が発達し、狭い範囲に強い雨や雷をもたらすのです。停滞前線は、暖気と寒気の強さが同じくらいのときにでき、同じような場所で停滞します。梅雨《ばいう》前線や秋雨前線も停滞前線で表されます。閉塞前線は、進むのが速い寒冷前線が前方の温暖前線に追いつくことでできます。このほか、海と陸との温度差で生じる**海陸風**《かいりくふう》による前線(海風《うみかぜ》前線)や、積乱雲直下で気温差により生じるガストフロントなど、天気図に現れない小さな前線(**局地前線**)もあります。

天気図に前線が現れたら、前線ごとに異なる雨の降り方にも注目してみてください。

局地前線
天気図に表現されない局地的な前線の総称。地理的な要因や、積乱雲から吹き出す冷気に伴ってできるものなどがある。

海陸風
海と陸の温度差により生じる風。海から陸に向かって吹く風を「海風」、陸から海に向かって吹く風を「陸風《りくかぜ》」という。

気団
広範囲にわたり、気温や水蒸気量がほぼ一様である空気の塊。気団同士がぶつかることで前線が形成される。

COLUMN

気象予報士とは？

気象予報士は日本の国家資格の一つで、気象予報士試験に合格して気象庁長官による登録を受けた人のことを指します。現在、試験は年に2回行われ、予報業務に関する一般知識と専門知識、実技試験に合格する必要があります。気象予報士として登録されている人の数は、2024年3月29日現在、1万2,095人です。

気象予報士試験に合格するために必要な知識は、理系科目ばかりと思われるかもしれませんが、気象業務に関する法律の知識を問われたり、現象が起こる理由を文章で書いたりするなど、文系科目の力も求められます。

そして、気象予報士は合格してからがスタートラインとよくいわれます。実際の気象は、試験に出題されるような典型的な現象だけではありません。合格後も日々、天気図や空を見て学び続けることで、実践的な力が身につくようになります。合格後の仕事は幅広く、テレビやラジオで天気予報の解説をしたり、ニュース原稿を書いたり、民間の気象会社で企業向けに予測情報を提供したり、自治体で防災業務を担ったりすることもあります。また、気象庁では2021年から気象データを活用し、売れやすい商品や店舗の混雑状況を予測するなど、ビジネス課題を解決できる人材の育成にも取り組んでいます。

気象予報士の力が求められている分野はたくさんあります。年齢や経験などの受験資格はなく、誰でも何度でも受験できます。気象に興味のある方はぜひ挑戦してみてください。

第2章

天気予報を使って出合える空

観天望気《かんてんぼうき》

空や雲から天気を予想する観天望気

●主な観天望気

観天望気	信頼度	意味と理由
鱗雲《うろこぐも》は天気変化のきざし	○	鱗雲（巻積雲《けんせきうん》）は、低気圧や前線が西から近づいているときによく見られる。天気予報を併せて確認しよう。
朧雲《おぼろぐも》は雨の前触れ	○	低気圧や前線が近づくとき、鱗雲より低い空に厚く朧雲（高層雲《こうそううん》）が広がると、西から天気が崩れて雨になることが多い。
朝霧は晴れ	○	雨がやんだあとの夜から朝に穏やかに晴れるとき、放射冷却が強まり、霧が発生しやすいため、その日は晴れる。
雷三日《かみなりみっか》	○	夏に雷が発生すると、3日ほど続く。夏は上空の風が弱く、寒気の動きが遅いため、大気の不安定な状態が長引きやすい。
急に冷たい風が吹くと雷雨	○	発達した積乱雲《せきらんうん》の下からは冷気が流れ出すため、冷たい風は雷雨の前触れとなる。
ツバメが低く飛ぶと雨	×	湿度が高くなると、昆虫は羽が湿って重くなり低く飛ぶ。昆虫をエサとするツバメも低く飛ぶといわれるが、湿度が高ければ必ず雨が降るとは限らない。
カマキリが高いところに卵を産むとその冬は大雪	×	カマキリは冬の雪の量を予想し、安全な場所に卵を産むという言い伝え。ただ、卵は雪に埋もれても死なないことが示されている。
スズメが早朝からさえずると晴れ	×	明け方に晴れているとスズメが活動的になり、よく鳴くといわれるが、早朝に晴れていても、そのあと雨や曇りになることも多い。
夕焼けの翌日は晴れ	△	日本の天気は西から変化することが多く、夕焼けが見られる（夕方に西の空が晴れている）と翌日も晴れる。ただ、これに当てはまらない場合が多い。
星が瞬くと風が強い	△	上空で風が強まると、大気の揺らぎで星の光が曲げられ、瞬いて見える。ただ、地上でも風が強いとは限らない。

○：信頼できる　△：あまり信頼できない　×：信頼できない

「太陽や月に光の輪がかかると雨になる（41ページ参照）」「夕焼けの翌日は晴れる」「ツバメが低く飛ぶと雨が降る」など、天気にまつわる言い伝えは古くから多くあります。

空や雲、動物の動きなどを見て、天気の変化を経験的に予想することを**観天望気**といいます。動物など生物の行動に関する観天望気は科学的な根拠の乏しいものがほとんどですが、空や雲に関するものは大気の状態が反映されているので科学的根拠があり、信用できるものが多いです。右ページに挙げた例のほか、たとえば「山が笠をかぶると雨」は、湿った空気が山を越えるときにできる「笠雲《かさぐも》」（54ページ参照）の観天望気です。富士山の笠雲は、日本海に低気圧があるときに現れやすく、天気が崩れる前触れになります。

また、特定の天気がその前後の日に比べて現れやすい日を**特異日**《とくいび》といいます。11月3日の文化の日は晴れの特異日といわれているほか、9月26日は大型台風の特異日といわれています。1958年の狩野川《かのがわ》台風や1959年の伊勢湾《いせわん》台風など、大きな被害をもたらした台風がこの頃に襲来しました。必ずしもこの日に台風が近づく科学的根拠はなく、最新の統計では特定の天気が現れやすい日は変わってきていますが、台風シーズンと重なっているため、防災意識は高くもっておく必要があります。

特異日はさておき、空や雲の観天望気、最新の気象情報を上手に組み合わせ、天気の変化に気をつけましょう。

観天望気

空や雲、生物の行動などから、天気を経験的に予想すること。古くから伝わる地域特有のものも数多くある。信頼度には幅があるため、活用する際は科学的根拠があるかを併せて調べることが必要。

特異日

「晴れ」「雨」「台風」などの特定の天気が現れる割合が、その前後の日と比べて統計的に多い日のこと。ただし、科学的根拠は確かめられていない。

15

ハロ／アーク

晴れた日に出合える空の虹色

●虹色のハロとアーク

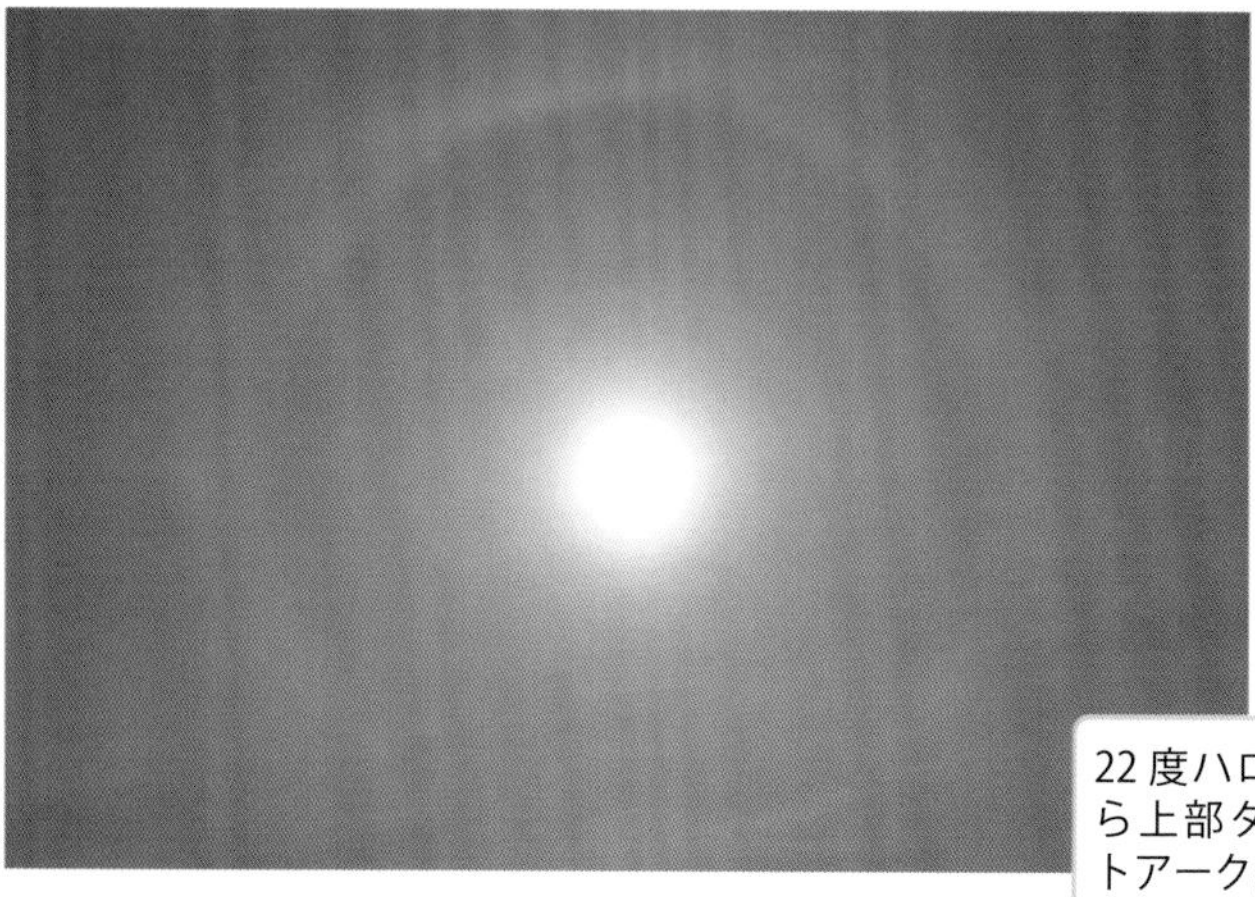

22度ハロにうっすら上部タンジェントアークが見える。

●ハロとアークの主な種類と現れる場所

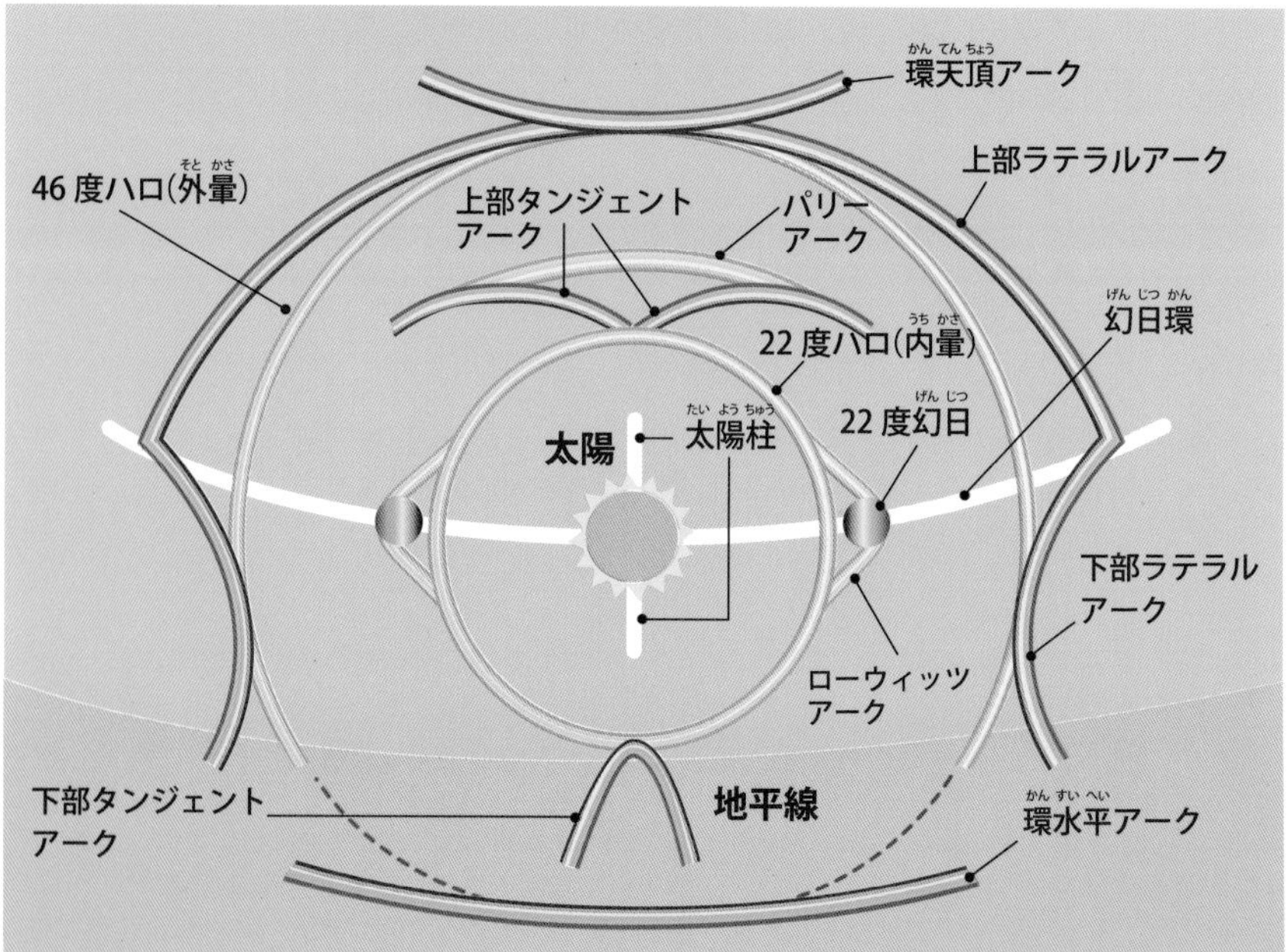

雨が降っていなくても、空に虹色の光が現れることがあります。これは、氷晶《ひょうしょう》でできた薄雲《うすぐも》（巻層雲《けんそううん》）や鰯雲《いわしぐも》（巻積雲）があるときによく現れる**ハロ**や**アーク**という現象です。ハロやアークは、**太陽の光が氷晶で屈折・反射**することで発生します。氷晶の向きがバラバラだとハロ、向きがそろっているとアークと分類されます。

ハロは、**太陽や月を中心にしてできる光の輪**で、季節や時間を問わず出合えます。空にまっすぐ手を伸ばし、太陽から掌《てのひら》一つ分くらい離れた位置に現れます。また、アークにはとても多くの種類があり、空を美しく彩ります。たとえば、「逆さ虹」とも呼ばれる**環天頂アーク**は、太陽から掌２つ分ほど上の、高い空に現れるものです。太陽の位置が低い朝や夕方の時間帯に、１年を通して出合えます。一方、「水平虹」とも呼ばれる**環水平アーク**は、太陽から掌２つ分ほど下の低い空に現れるものです。日中の太陽高度が高くなる春から秋の昼前後の時間帯に出合えます。雨上がりに見られる虹は、外側から内側に向かって赤から紫の順に色が並びますが、**ハロやアークはすべて太陽側が赤**になっています。

ハロやアークに出合うには、天気予報で「西から天気が下り坂」と見聞きしたときがチャンスです。これは、雨を降らせる低気圧や前線が西から近づくとき、はじめに氷晶でできた薄雲（巻層雲）が高い空に広がるためです。雲が分厚くなって雨が降り出す前に、ぜひ探してみてください。

屈折

光が空気中から、密度の異なる物質の中に差し込んだとき、曲げられて進む現象のこと。たとえば、水に入れた物体が、水面を挟んで上下でずれて見える現象も光の屈折が原因である。

氷晶

氷の結晶。大きさはおおむね0.2mm未満。発生初期の氷晶は小さな六角柱で、凝華《ぎょうか》成長で大きくなり、雲の中の温度によって、結晶が縦に伸びる柱状《ちゅうじょう》になるか、横に広がる板状《ばんじょう》になるかが決まる。

虹は狙って見られるの？

● 太陽の光が強いときに見られるダブルレインボー

● 主虹《しゅこう》と副虹《ふくこう》のできる位置

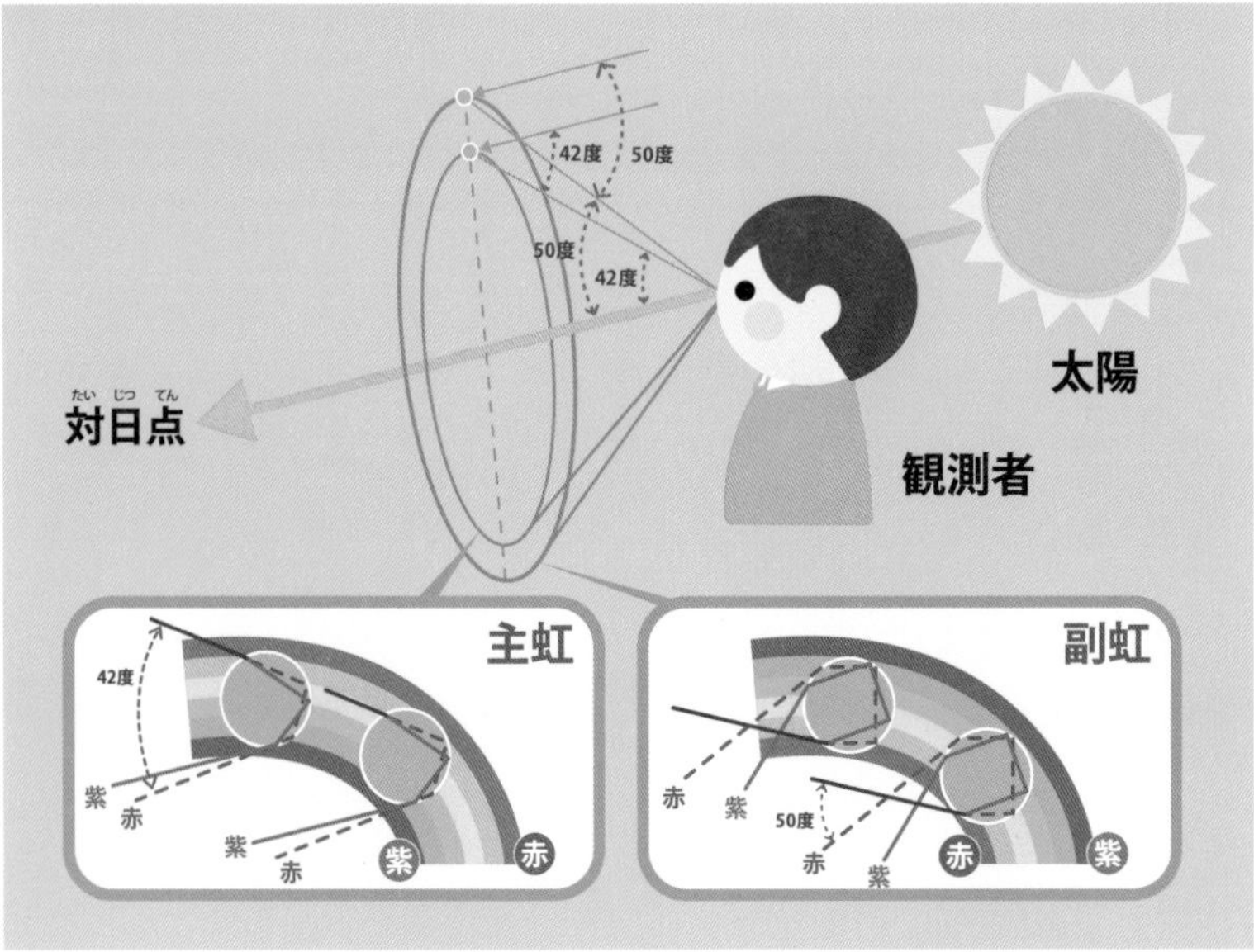

雨上がりの空に虹が出ていると、嬉しい気持ちになりますよね。虹に出合えるのは偶然と思われるかもしれませんが、実は狙って見ることができます。

虹とは、**赤から紫までの色が並んだ円弧状の光の帯**のことで、太陽と反対側の空で雨が降っているときに現れます。太陽の光(可視光線《かしこうせん》)は虹色に見えませんが、実は赤から紫までの光がすべて重なって白っぽく見えています。この光が雨粒を出入りするときに屈折し、光の色による屈折の角度の違いで色が分かれ、きれいな虹色が現れるのです。

よく見られるのは、**内側が紫で外側が赤の「主虹」**です。光が強いと、その外側に**色の並びが逆になった「副虹」**が現れ、ダブルレインボーになることもあります。主虹と副虹は、太陽のちょうど反対側の影のできる位置にあたる**対日点**からそれぞれ**視角度《しかくど》(空の見かけ上の大きさ)で42度と50度の位置**に現れます。また虹は、空の架け橋のように現れることが多いのですが、本来は対日点を中心とした丸い形状をしています。私たちが地上で見ているのは、虹の一部なのです。

虹に出合いやすいのは、雨が降ったり晴れたりする天気雨のときです。夏に多い夕立のあと、晩秋から初冬の頃に日本海側で断続的に降る時雨《しぐれ》のときにもよく見られます。民間気象会社のアプリや気象庁のレーダーの情報を使って雨雲の位置や動きを確認し、雨雲が通り過ぎるタイミングを狙って、太陽と反対側の空を見上げてみましょう。

視角度

ある方向の地平線から反対側の地平線までを180度としたときの空の見かけ上の大きさ。単位は通常、度数法(度)で表す。同じ大きさの物体でも、近いと視角度は大きく、遠いと小さい。

対日点

太陽のちょうど反対側の方向に位置する、太陽と観測者を結んだ線の延長線上の点。観測者の影が伸びる点にあたる。日中の太陽は地平線より上にあるため、対日点は地平線より下にある。

マジックアワー

晴れの日のグラデーションの空

● 薄明《はくめい》の時間帯に見られるマジックアワーの空

● 表情豊かなマジックアワーの空

同じ場所で同じ時間に見た薄明の空でも、季節によって太陽高度が異なるため見え方が変わる。水蒸気量やエアロゾルの濃度、雲の有無でも印象は変わる。

「マジックアワー」は、魔法のように美しい空に出合える時間です。雲のない晴れた太陽側の空では、昼から夜へ、また夜から朝へと表情を変えていく美しいグラデーションが見られ、いつまでも眺めていたくなります。

マジックアワーは、日の出前と日の入り後に訪れる**薄明**（トワイライト）のうち、**市民薄明**と呼ばれる時間帯のことを指しています。薄明は太陽高度によって3つに分類されており、夕方を例に考えると、太陽が地平線に沈んだばかりの頃で、まだ照明がなくても外で活動できる時間帯を市民薄明（太陽高度が地平線〜マイナス6度まで）といいます。もう少し時間が進み、海面と空の境目が見分けられる程度の明るさの時間帯を**航海薄明**（太陽高度マイナス6〜マイナス12度）、さらに肉眼で確認できる限界の明るさである6等星が見える時間帯は**天文薄明**（太陽高度マイナス12〜マイナス18度）と呼ばれています。

また、マジックアワーに太陽と反対側の空に注目すると、低い空には地球の影（**地球影**《ちきゅうえい》）を見ることもできます。地球影のすぐ上には、**ビーナスベルト**というピンク色に染まった空が広がることもあり、マジックアワーの空はとても表情豊かです。

晴れてさえいれば、季節を問わず1日2回もマジックアワーの空に出合うことができます。日の出・日の入りの時間帯をチェックし、地球をダイナミックに感じられる空を楽しみましょう。

ビーナスベルト

地球影のすぐ上に広がる薄い紫やピンクの色をした帯のような部分。太陽からの光が大気中で散乱することで現れる。

地球影

太陽と反対側の地平線近くに見える地球の影。低い空が暗く見える。晴れた日の薄明の時間帯に見えやすい。

薄明

日の出前と日の入り後の空が薄明るい時間帯のこと。大気が太陽光を散乱しているため、太陽が出ていなくても明るくなる。

ブルーモーメント

どんな天気でも出合える群青色の空

●雲があっても見られるブルーモーメント

●時間の経過とともに深くなる群青色の空

　空の青色が美しいのは昼間だけではありません。空も雲も街並みもすべてが優しい群青色に包み込まれる「**ブルーモーメント**」という現象もあります。
　ブルーモーメントには、太陽の光で焼けた色があまりない日の出前と日の入り後の市民薄明（45ページ参照）のうち、太陽高度がマイナス4〜マイナス6度の時間帯に出合えます。太陽が地平線の下にある状況で、太陽の光が高い空に当たると、そこで散乱しやすい青い光が夜の暗い色と混ざり合い、深い青色が生まれるのです。ブルーモーメントは雲の出方によって見え方が異なり、晴れて雲が少ないとわかりやすいです。ブルーモーメントに出合える時間帯は「**ブルーアワー**」とも呼ばれ、夕方ならその後は夜へと進みます。反対に、朝に向かうときは、暗く色味のない空が次第にうっすら青く染まりはじめる様子が見られるので、夕方も朝も見逃せません。日本ではブルーアワーは10分ほどと短いのですが、**白夜**《びゃくや》という現象が起こる北欧では、薄明の時間が長くなります。このため、ブルーモーメントが数時間にわたって見られることがあるのです。
　出合える時間が短くても、気にして空を見上げていると、比較的簡単に出合えます。ブルーモーメントの群青色の空をきれいに撮影するには、**マジックアワーの間に太陽と反対側の空にカメラを向けておくこと**がポイントです。また、街灯などの明るい光を入れないようにすると撮りやすくなります。ぜひ深い青色の空を観察してみてください。

白夜

地軸の傾きが原因となり、北極や南極に近い地域で、真夜中でも太陽が沈まない、もしくは太陽は完全に沈むものの薄明で明るい状況が続く現象。北極では6月下旬、南極では12月下旬頃に起こる。

ブルーアワー

空が群青色に染まる時間帯のこと。1日に2回、日の出前と日の入り後の市民薄明のうち、太陽高度－4〜－6度の時間帯にあたる。日本における継続時間はおよそ10分間。

薄明光線

曇り空で出合える「天使の梯子《はしご》」

● **太陽高度が低いときの暖色の薄明光線**

● **太陽高度が高いと白っぽい色になる**

晴れているときだけではなく、曇り空でも息をのむようなきれいな空に出合えることがあります。それが「**天使の梯子**」です。天使の梯子は、**雲の隙間から地上に向かって差す光の筋**のことで、**薄明光線**という現象です。これは、可視光線の波長と同じくらいの大きさのチリなどが太陽の光を散乱し（ミー散乱・14ページ参照）、光の経路が目に見えるようになるという**チンダル現象**が原因で発生しています。層積雲《そうせきうん》や高積雲《こうせきうん》などの厚みのある雲が広がり、雲に隙間があるときに出合えます。

天使の梯子というロマンチックな名前の由来は、旧約聖書の創世記に登場するヤコブという人の夢にあります。夢の中で、空から光の梯子を使って昇り降りする天使を見たという話から、天使の梯子は「ヤコブの梯子」とも呼ばれているのです。また薄明光線は、オランダの画家のレンブラントが薄明光線を描くことを好んだことから「レンブラント光線」と呼ばれたり、宮沢賢治の詩の中で「光のパイプオルガン」と表現されたりするなど、多くの偉人をも魅了してきました。

さらに、薄明光線は「天割《てんわ》れ」ともいう壮大な風景をつくり出します。たとえば夏の夕方、背の高い積乱雲の後ろに太陽が沈むと、薄明光線の光と雲の影が上空に向かって伸びることがあります。太陽と反対側の空で、対日点に集まるように伸びるこの光と影の筋は**反薄明光線**と呼ばれるもの。光と影が織りなす魔法のような風景に出合うには、空一面を見渡しましょう。

反薄明光線

薄明光線によって生まれた光と影の筋が、その反対側の空まで伸びていく現象。太陽と正反対の位置にあたる対日点に向かって、放射状に広がった光が集まっていく様子が見られる。

チンダル現象

空に浮かんでいるチリなどの小さな粒子に光が当たることで、光の経路が見えるようになる現象。イギリスの物理学者のチンダルによって初めて研究された。

20

ゲリラ豪雨

「ゲリラ豪雨」をもたらす積乱雲

● 積乱雲から伸びた雨柱《あめばしら》では局地的に大雨となっている

● 積乱雲の構造

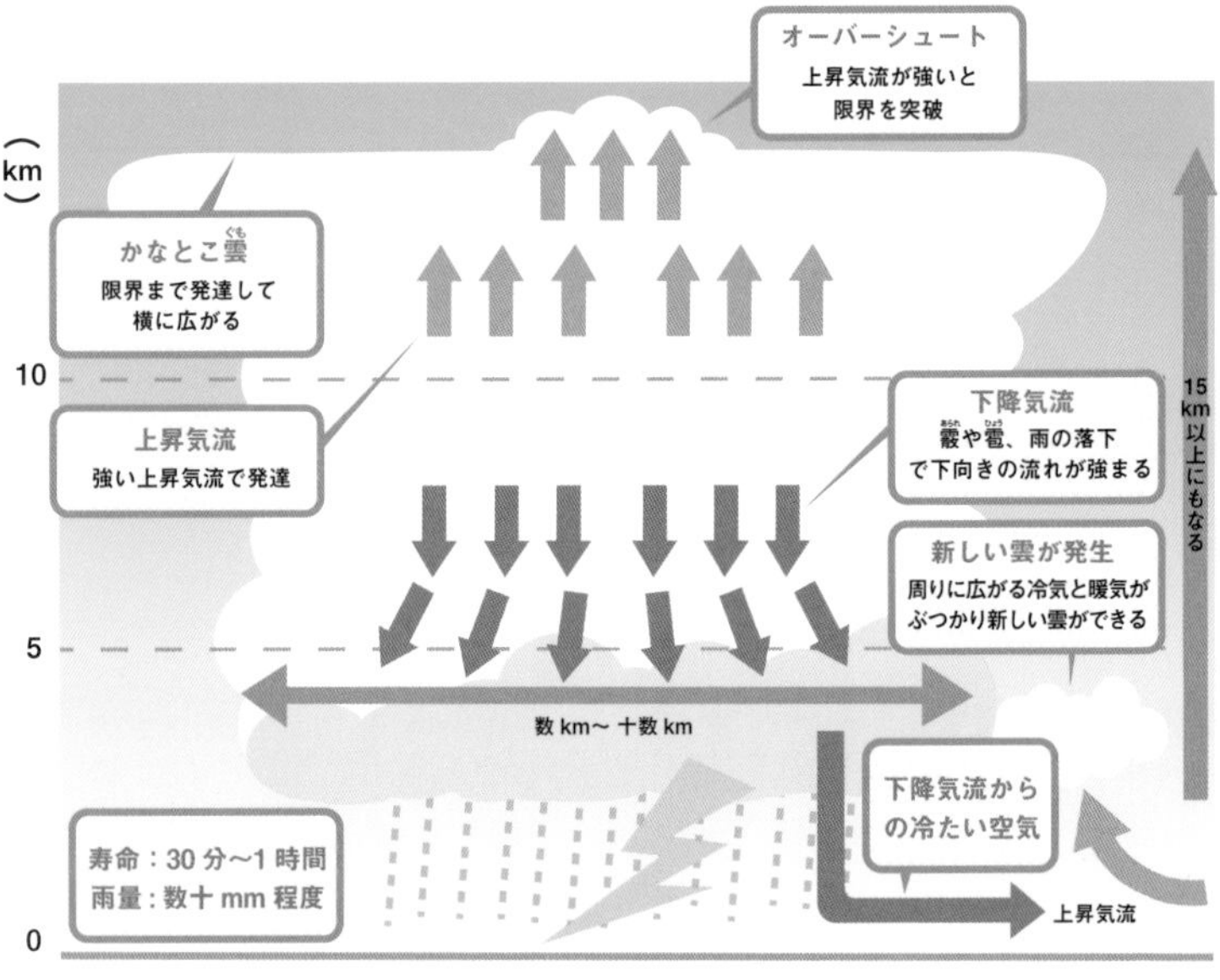

近年、「ゲリラ豪雨」という言葉を見聞きする機会が増えました。正式な気象用語ではありませんが、突然の大雨をこう呼ぶことが多いようです。「ゲリラ豪雨」は、気象庁では「**局地的大雨**」と呼ばれています。この局地的大雨をもたらすのは積乱雲です。積乱雲は上空に向かって発達する雲で、十種雲形の中で唯一、雷を伴うため、**雷雲**《かみなりぐも》ともいいます。大雨や雷だけではなく、霰や雹を降らせることもあるのです。積乱雲の一生は**綿雲**《わたぐも》といわれる**積雲**《せきうん》から始まります。地上付近の空気が何らかの原因でもち上げられ、上空で冷えると積雲が生まれます。「大気の状態が不安定」(74ページ参照)なときは積雲が成長し、真夏の空に現れるモクモクとした**雄大積雲**《ゆうだいせきうん》、いわゆる**入道雲**《にゅうどうぐも》になり、さらに成長して雲の上部に髪の毛のような筋の構造が見られるか、雷活動を伴うようになると、積乱雲に分類されるのです。積乱雲は雲が発達できる限界の高さにまで到達すると、行き場をなくして横に広がり、鍛冶《かじ》の鉄床《かなとこ》に似た形状の**かなとこ雲**を伴います。

一つの積乱雲の寿命は30分～1時間程度なので、急にどしゃ降りになってもしばらくすると天気が回復します。しかし、複数の積乱雲が世代交代をしながら組織化すると、数時間にわたって雷雨が続き、浸水などの水害の原因になることもあります。雷注意報の発表や、天気予報で「大気の状態が不安定」という言葉を見聞きしたときは、積乱雲によって天気が急変するおそれがあります。雨雲レーダーなどを活用し、危険な雨雲を回避しましょう。

かなとこ雲
限界まで発達した積乱雲が行き場をなくし、横に広がった雲。鍛冶に使われる鉄床に形状が似ていることが名前の由来。

入道雲
上空に向かって発達した頭の丸い雲。雄大積雲。お坊さん(入道)の坊主頭に似ていることが名前の由来といわれる。

雷雲
積乱雲の別名。積乱雲はほかの雲に比べて上昇気流が非常に強く、雷を発生させる唯一の雲であることに由来する。

局地的大雨

天気の急変を知らせてくれる雲

● 大気の状態が不安定であることを知らせる「頭巾雲《ずきんぐも》」

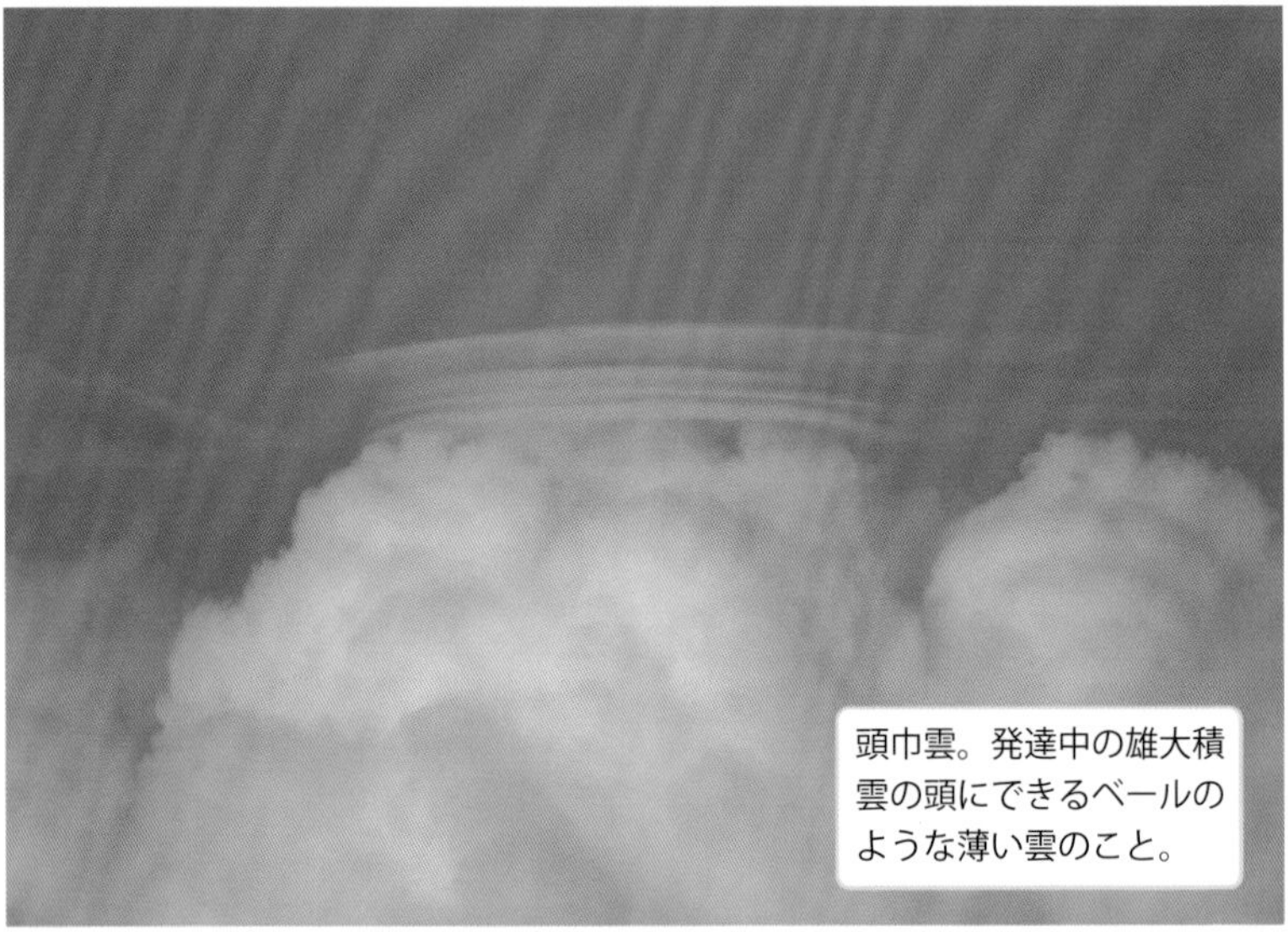

頭巾雲。発達中の雄大積雲の頭にできるベールのような薄い雲のこと。

● 天気が急変する前兆になりうる「濃密巻雲《のうみつけんうん》」と「乳房雲《ちぶさぐも》」

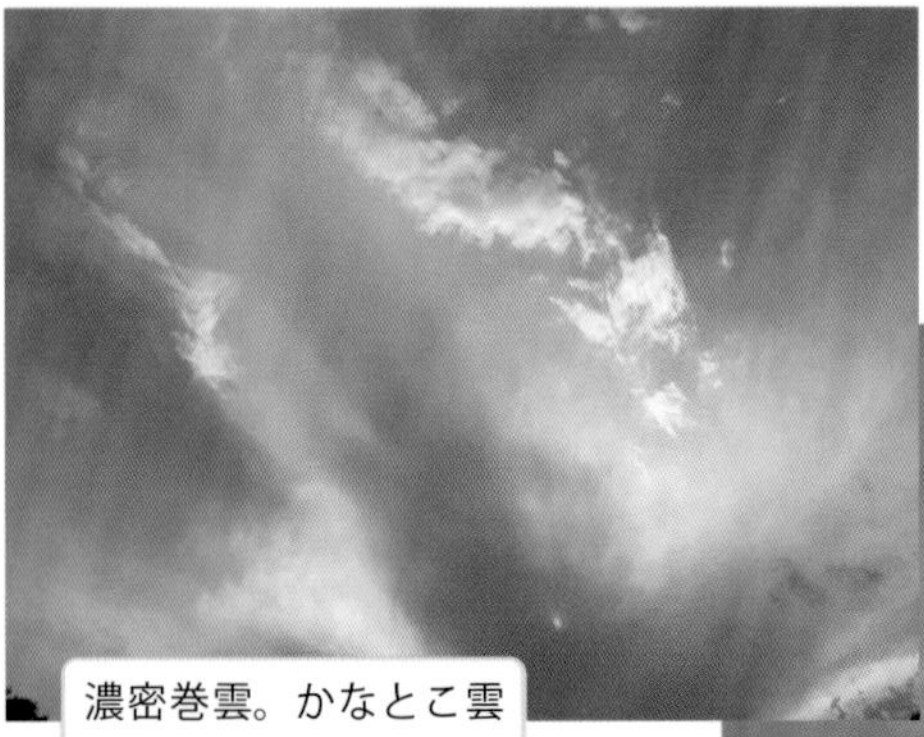

濃密巻雲。かなとこ雲から広がったもので、その先に発達した積乱雲がある可能性がある。

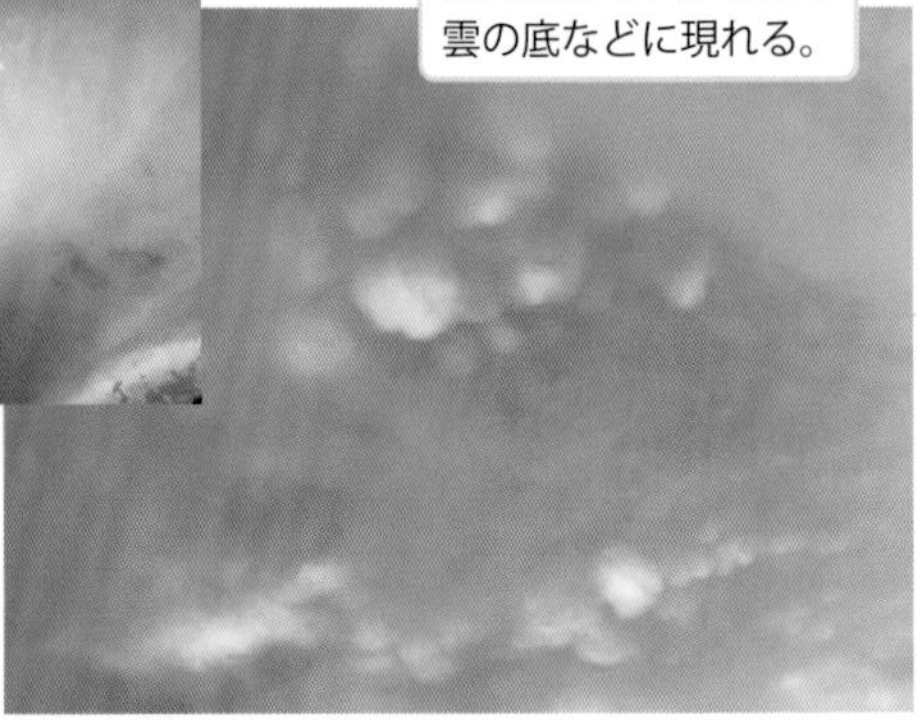

乳房雲。積乱雲の進行方向前方の、かなとこ雲の底などに現れる。

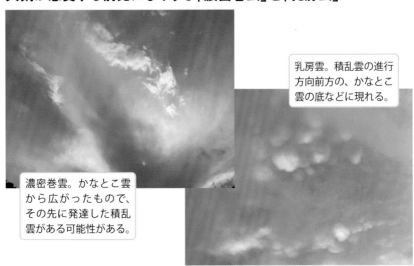

積乱雲がいつどこで発生するのか、正確な予測はまだ難しいのですが、局地的大雨（51ページ参照）をもたらし、**都市型水害**が起こる場合もあります。この積乱雲を察知するには、観天望気（38ページ参照）が有効です。

まず、発達中の**雄大積雲**の頭に現れる、なめらかな見た目の**頭巾雲**があります。頭巾雲は、雲の中の強い上昇気流が、雲の上の湿った空気を押し上げることでできるベール状の雲です。この雲は、今まさに雄大積雲が成長中であり、雄大積雲が積乱雲にまで発達できるほど、大気の状態が不安定であることを教えてくれています。

また、青空の一方向から広がってくる濃い巻雲《けんうん》（**濃密巻雲**）は、かなとこ雲が上空の風に流されて広がってできることがあり、多くの場合、その先に限界まで発達した積乱雲があります。さらに、広がってきたかなとこ雲の底に、凸凹したコブ状の雲が現れたときも注意が必要です。この雲は**乳房雲**と呼ばれ、積乱雲が進む方向に現れることが多く、雷雨や突風をもたらす積乱雲が近づいている可能性があります。空が急に暗くなる、ゴロゴロと雷の音がする、冷たい風が吹いてくる場合も、天気が急変する可能性が高いといえます。

これらの危険を知らせる特徴的な雲を見かけたら、気象庁や民間気象会社のレーダーの情報を使い、雨雲の位置や動きを確認しましょう。周囲の状況の変化にも注意し、頑丈な建物の中に避難するなど、早めに身の安全を確保するよう心がけてください。

都市型水害

局地的大雨などにより発生する、繁華街や地下街での浸水、道路の冠水など、都市特有の水害。雨水が下水道や水路に一気に流れ込み、排水処理機能が追いつかず、排水溝や水路から溢れて起こる。

局地的大雨

急に強く降り、数十分間などの短時間のうちに、狭い範囲に数十mm程度の雨量をもたらす雨。一般的に「ゲリラ豪雨」と呼ばれることもあるが、気象庁では予報用語として使っていない。

吊《つ》るし雲《ぐも》

大気の波で生まれるツルっとした雲

●山越え気流に伴う雲

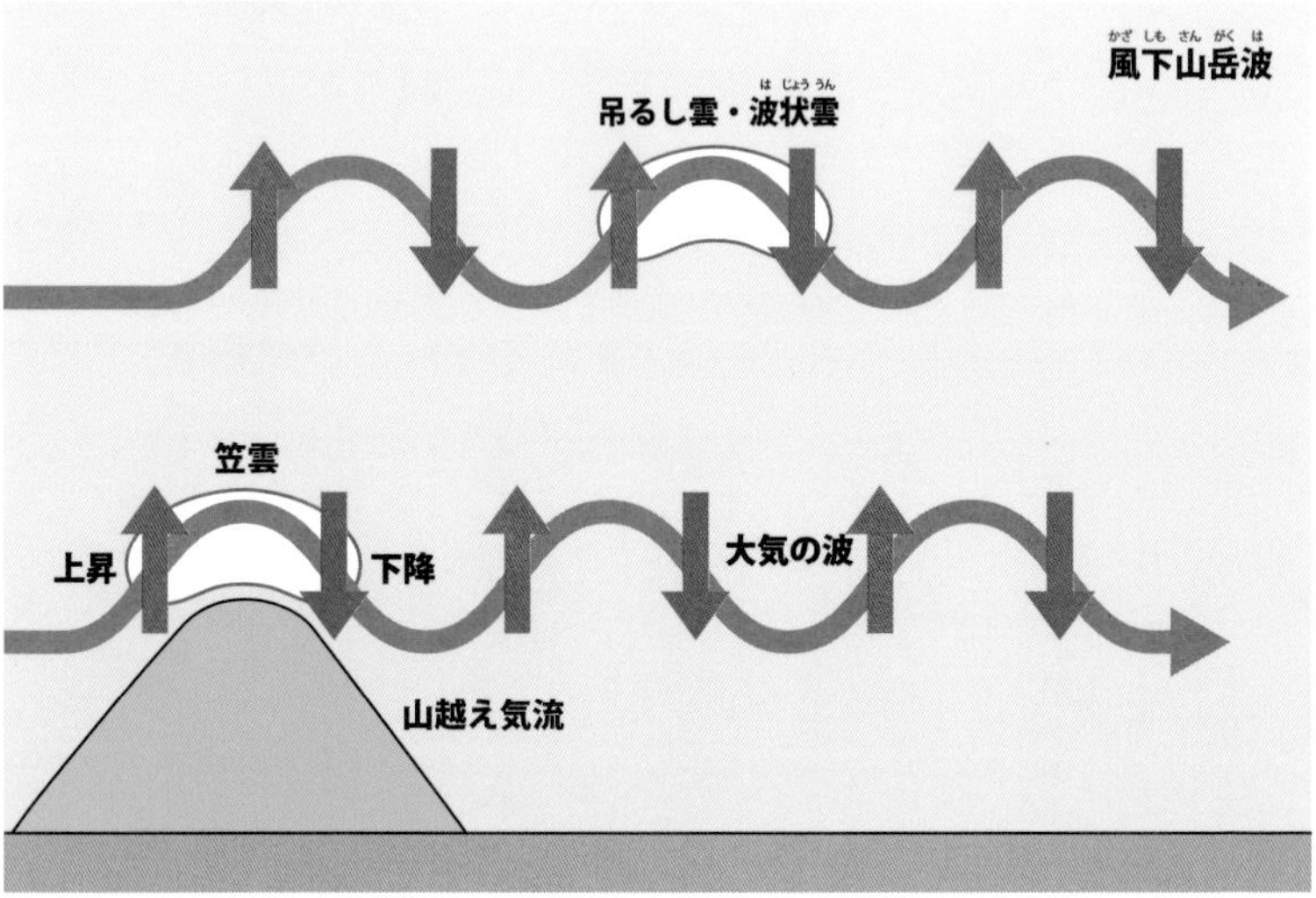

●山頂にできる「笠雲」

雲との出合いは一期一会で、多種多様な形をしています。なかでもソフトクリームやＵＦＯのような、不思議な形の雲を見たことはありませんか？

この雲は、山から少し離れた場所にでき、空に吊るされたような見た目をしているため、**吊るし雲**と呼ばれます。そのほとんどがレンズ状の雲（**レンズ雲**《ぐも》）で、上空の強い風に伴って現れ、ツルっとした見た目をしているのが特徴です。吊るし雲は、空気が山を越えたあと、風下側で波打つことで起こる**風下山岳波**によって発生します。風下側の空が湿っているとき、空気が風下山岳波の**波を昇るところで空気中の水蒸気が凝結**し、雲が生まれます。反対に、**波を降りるところで雲が消える**ため、波の山の部分にだけ雲ができ、吊るし雲になるのです。山が連なっていると、吊るし雲も連なるようになり、波打ったような形の**波状雲**になります。

また、山頂にできるレンズ雲は、山が笠をかぶっているように見えることから、**笠雲**と呼ばれています。同じ笠雲でも、雲の形によって「はなれ笠《がさ》」や「ふきだし笠《がさ》」など様々な種類があります。なかでも富士山にできる笠雲は、天気が崩れる前触れになることが知られていて（39ページ参照）、富士山以外の山でも「天気が下り坂」のサインとなる場合もあるのです。

レンズ雲は、天気の急変を知らせる雲でもあるため、登山中に見かけたら要注意です。最新の天気予報を確認し、状況によっては早めに下山する、安全な小屋に一時的に避難するなど、無理のない行動をとりましょう。

波状雲

上下に波打つ大気の波の山の部分にできる雲。様々な要因で発生し、風下山岳波などに伴う波状雲は、気圧配置が大きく変わらなければ同じような場所に長時間維持されることがある。

風下山岳波

空気が山を越えることで、山の風下側で発生する大気の波のこと。空気はこの波に乗って上下に動くため、空が湿っている状態では、空気が波を昇るときに雲が発生し、降りるときに雲が消える。

23

人為起源雲《じんいきげんぐも》

飛行機雲《ひこうきぐも》も長生きできる湿った空

● 飛行機のエンジンの後ろにたなびく飛行機雲

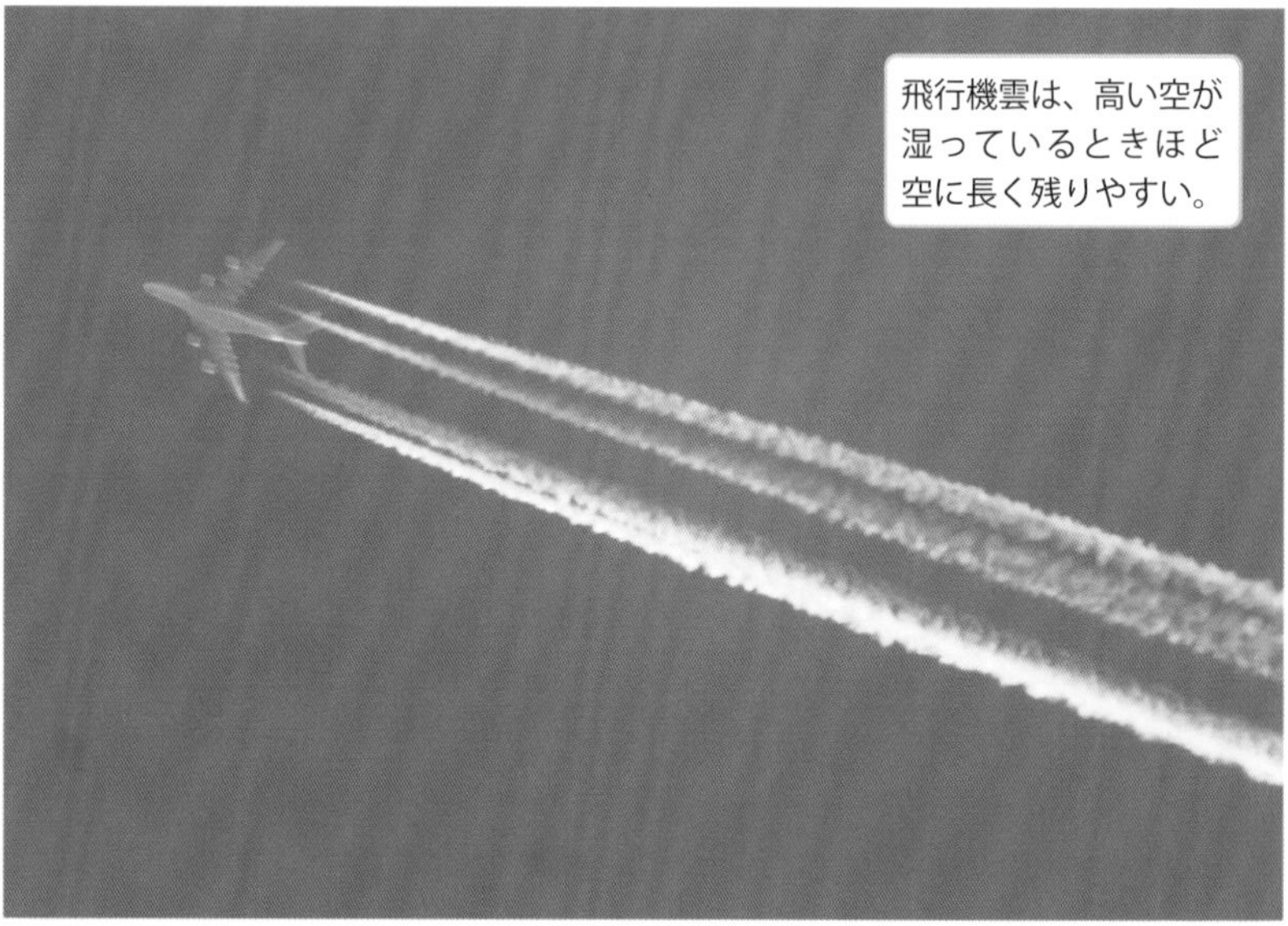
飛行機雲は、高い空が
湿っているときほど
空に長く残りやすい。

● 焼けた色の空の飛行機雲

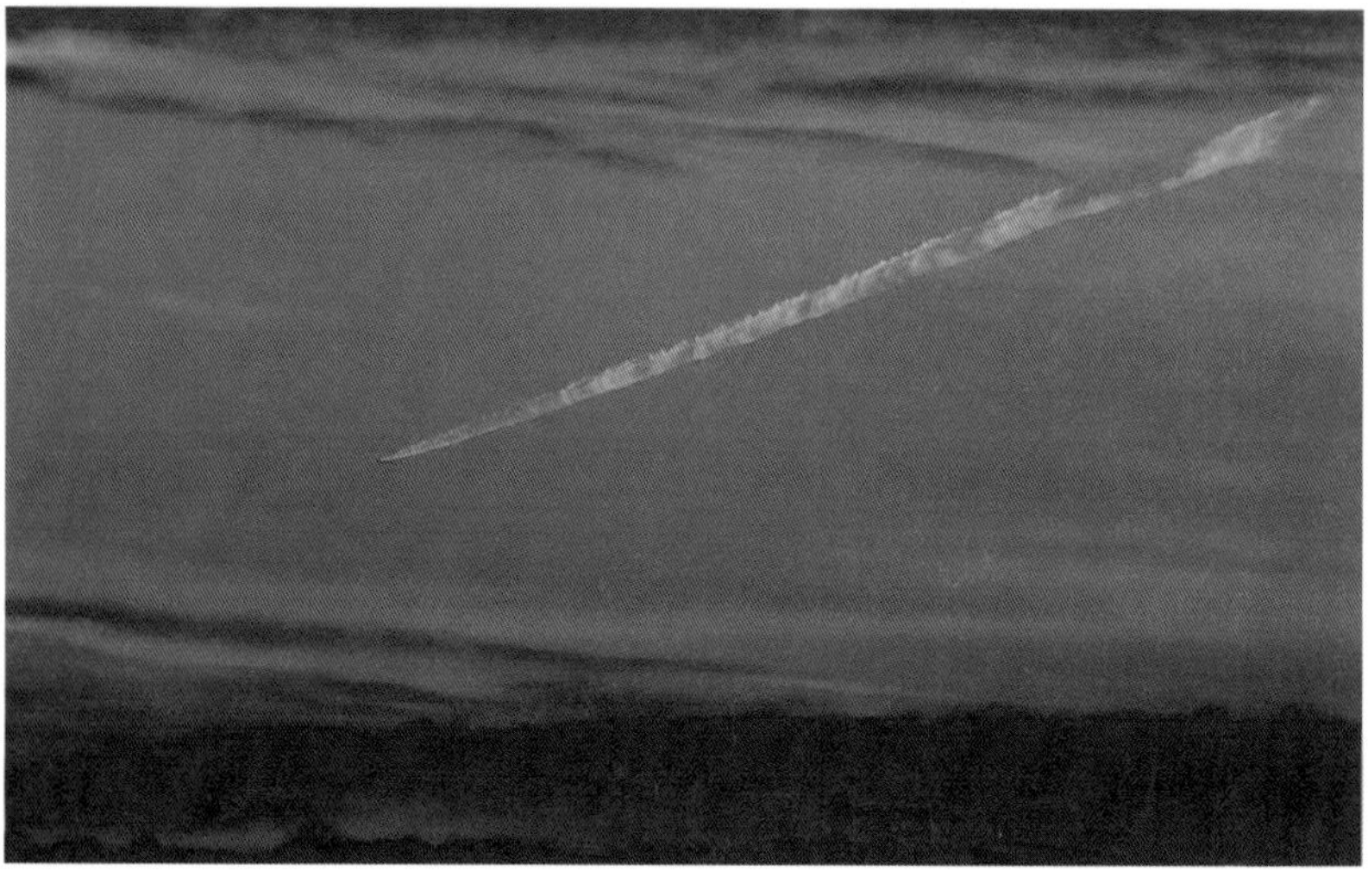

空に浮かぶ雲には、自然にできるものだけではなく、人間の活動が原因で発生する**人為起源雲**もあります。その代表が**飛行機雲**です。飛行機雲はどのようにしてできるのでしょうか。

飛行機のエンジンから出る排ガスは300～600℃と、かなりの高温である一方、飛行機が飛ぶ高度10㎞くらいの空は、マイナス20℃以下と低温です。高温な排ガスが低温な周囲の空気と混ざって急激に冷やされると、排ガスに含まれていた粒子が核となって雲ができます。このとき、エンジンのすぐ後ろに、エンジンの数だけ飛行機雲ができるのです。

空気が乾いているときは、飛行機雲が発生しないか、発生しても短く伸びる程度ですぐに消えてしまいます。反対に、空気が湿っているときは発生しやすく、空に長く残って成長します。飛行機雲が空に10分間以上残ると、**筋《すじ》雲《ぐも》**と呼ばれる巻雲に分類されるようになり、その後は巻積雲や巻層雲に変化することもあります。飛行機雲が長生きしているときは高い空が湿っていることを示し、天気が西から下り坂に向かっている場合もあります。

飛行機雲は、飛行機が通ったところにできる雲ですが、飛行機が通った部分だけ雲が消える**消滅《しょうめつ》飛《ひ》行《こう》機《き》雲《ぐも》**と呼ばれる現象もあります。さらに、日の出前や日の入り後に短めの飛行機雲が発生すると、焼けた光が当たって、ほうき星の尾が赤く燃え上がっているように見えることも。飛行機雲にも様々な種類があるので、飛行機が通ったあとの空にも注目してみてください。

消滅飛行機雲

飛行機の通ったところだけ雲が消えてしまう現象。雲のあるところを飛行機が通ると、高温の排ガスによって雲が蒸発したり、周囲の乾燥空気と混ざって蒸発したりすることなどが原因。

人為起源雲

人間の活動が原因で発生する雲。特定の場所や条件で発生するため、狙って見ることができる。飛行機雲のほか、船舶の煙で発生する雲（航《こう》跡《せき》雲《うん》）、野焼きや工場の煙などで生じる雲もある。

COLUMN

気象キャスターからの提案

日々テレビやラジオなどで天気予報を伝える気象キャスター。予報を伝えるだけではなく、「なぜそうなるのか」「どんな対策をとればよいのか」も含めて解説することで、聞き手が納得して行動につなげてもらえるように心がけています。

しかし、気象は刻々と変化する自然現象のため、予報として伝えた内容から変わってしまうこともしばしばあります。それだけでなく、全国を対象とする天気予報では大まかな傾向しか伝えられないこと、放送時間が限られていることなど、天気予報を伝える上での葛藤がたくさんあります。

天気予報をより生活に役立てるために提案したいのは、「ハイブリッド天気予報」です。これは、気象キャスターが伝える情報と、インターネットで見られる最新情報の両方を活用することです。天気のマークだけではわからない予測の幅や大雨が起こる原因、災害への対策などは気象キャスターから情報を得て、自分が今いる場所の最新の雨の降り方や危険度などの情報はインターネットやアプリなどを確認するというものです。

いつ、どのような場面で、どの情報を取るかを整理しておけば、より天気予報が身近で生活に役立ち、かつ自分の身を守ることにもつながるのではないかと考えています。ぜひ読者のみなさんも実践していただけると嬉しく思います。

第3章

よくわかる天気予報の基本としくみ

数値予報

天気予報のつくり方

● 天気予報の発表例

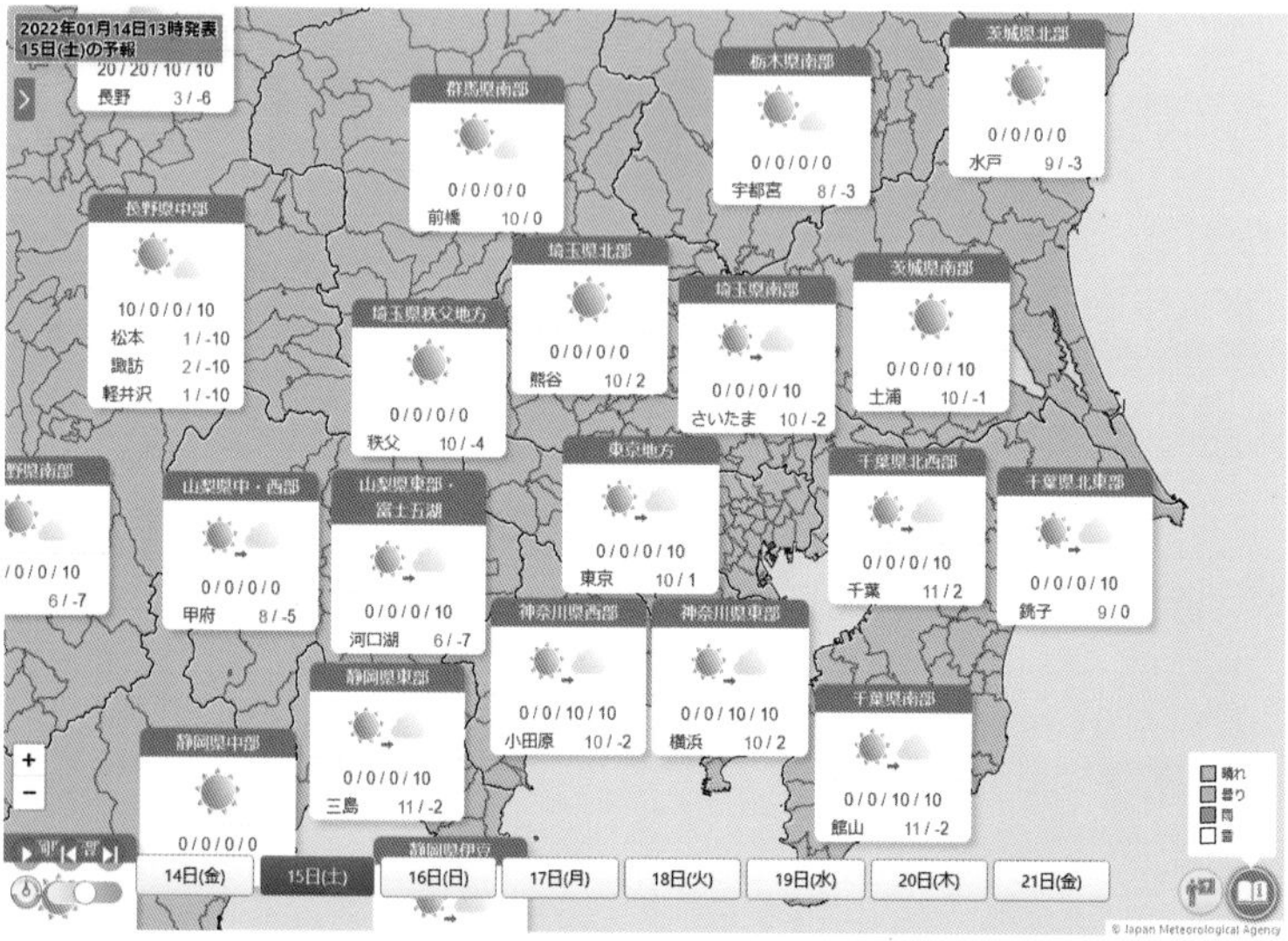

● 天気予報がつくられるまで

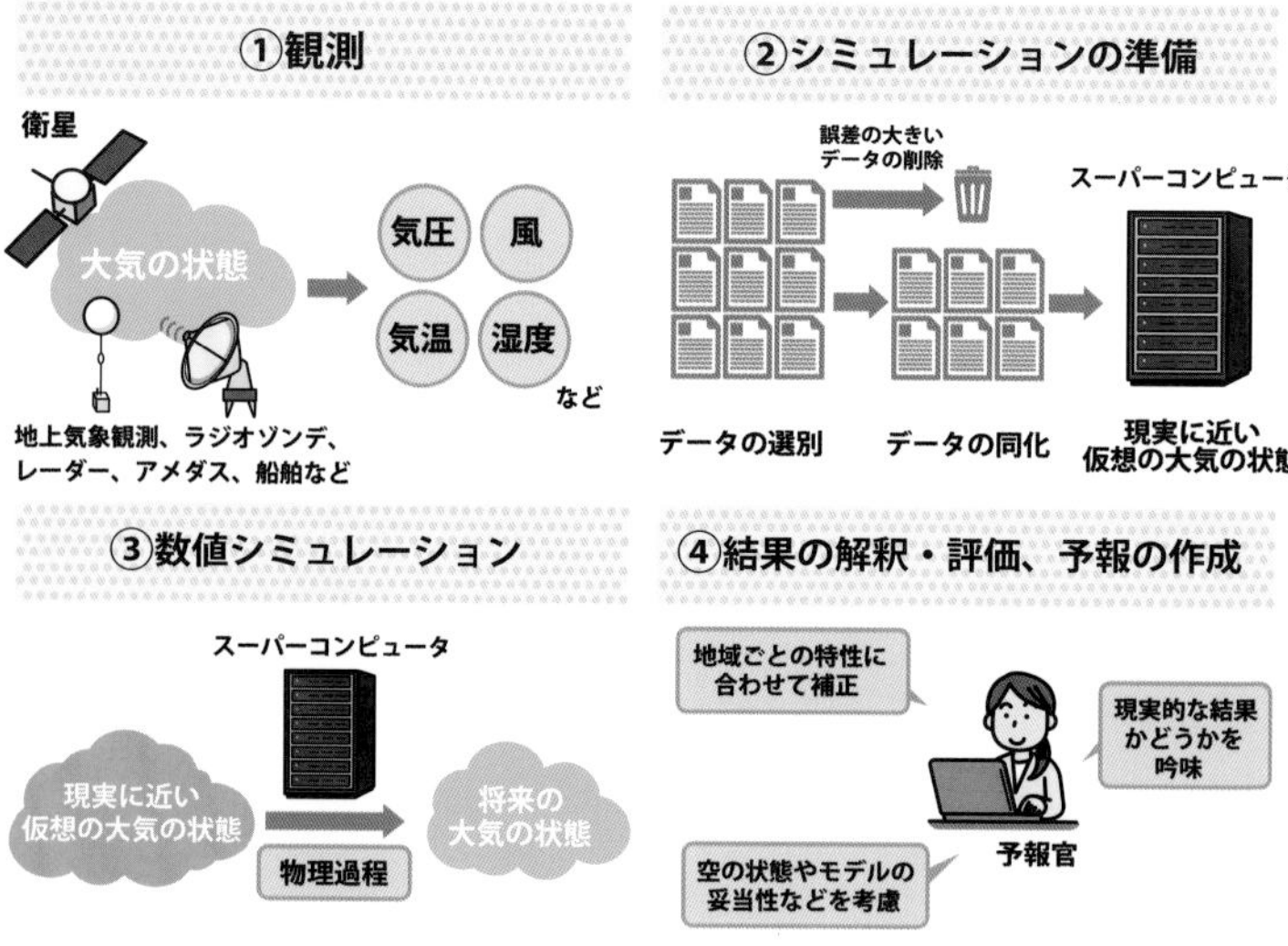

テレビや新聞、インターネットなど、様々な媒体で日々伝えられる天気予報は、どのようにつくられるのでしょうか。天気予報は「今の大気の状態」を知ることから始まります。まず、気圧や気温、湿度など、地上から上空までの細かい**気象観測**データを世界中から集め（右ページ下図①）、誤差の大きいデータを取り除いた上で、**現実に近い仮想の地球の大気の状態をスーパーコンピュータ内につくります**（同②）。これに、大気の流れや降水など、様々な現象の理論による計算を加え、**将来の大気の状態をシミュレーションして予測します**（同③）。このときに使われるのが**数値予報モデル**と呼ばれる、物理学などの法則を用いた計算式のプログラム群です。

気温や湿度、雲量、降水量など数値として出力された結果は、「晴れ」や「雨」などの天気、降水確率、最高気温、最低気温など、天気予報として利用できる形に翻訳処理されます。ここでは、過去の気象観測データとそのときの予測値との間で生じる誤差から作成した統計式を用いて、計算されています。ただ、**数値予報モデルの計算結果は完全ではない**ため、最後は気象庁の予報官や民間の気象予報士などの予報担当者が、現在の空の状態やモデルの妥当性などを考慮し、天気予報を作成します（同④）。数値予報モデルで表現できない細かい地形なども天気に影響を与えるため無視できません。

精度の高い天気予報は、正確な観測に始まり、スーパーコンピュータで膨大な量の計算をこなし、最後に人の目を通すことでつくられているのです。

数値予報

物理法則に基づき、風や気温、雲、雨などの大気の将来の状態を、コンピュータで計算して予測すること。

スーパーコンピュータ

気象庁などで運用している、様々な数値計算を行うための大規模・高速な計算能力をもつコンピュータのこと。

気象観測

地上や上空などの気象要素を、アメダスや気象衛星などの様々な機器または目視により、観測すること。

アメダス

天気予報に欠かせないアメダス

●アメダスで観測された風向・風速

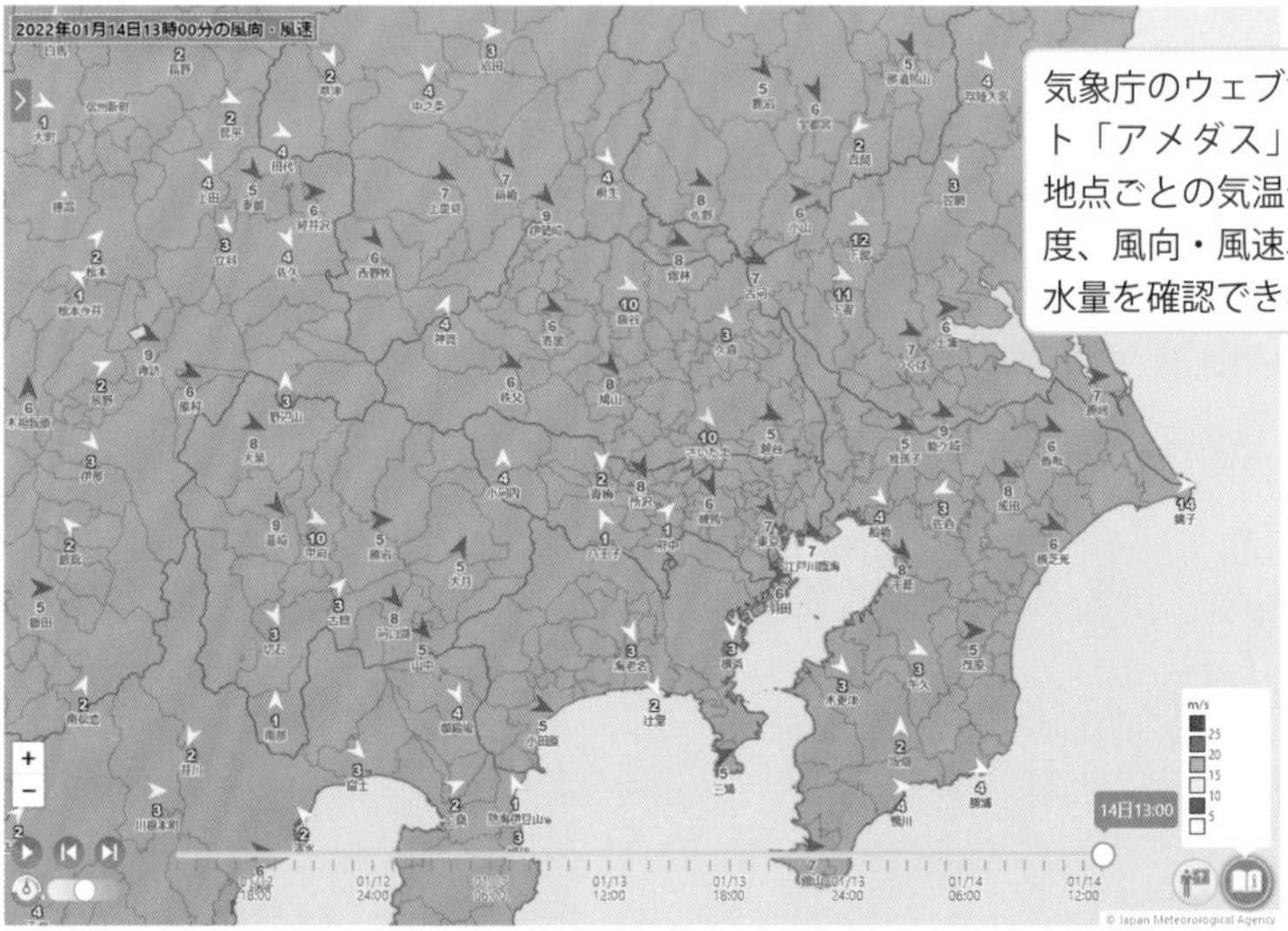

気象庁のウェブサイト「アメダス」で、地点ごとの気温や湿度、風向・風速、降水量を確認できる。

●アメダスに用いられる雨量計

降水量を観測している転倒ます型雨量計。白い筒の中に左の写真の測器が入っている。周りを囲っているのは風よけ。

アメダスとは、「AMeDAS：Automated Meteorological Data Acquisition System」の略で、「地域気象観測システム」のことです。

アメダスは、雨、風、雪などの気象状況を、時間的・地域的に細かく監視し、降水量、風向・風速、気温、湿度の観測を**自動的に行っているシステム**です。ニュースなどで報道される降水量や気温は、そのほとんどがアメダスで観測されています。

降水量を観測するアメダスは、**気象官署**を含め、現在全国で約１３００か所あります。このうち約８４０か所では、降水量に加え、風向・風速、気温、湿度を観測しているほか、雪の多い地域の約３３０か所では、積雪の深さも観測しています。降水量を一番多くの地点で観測する理由は、**雨が気象災害を引き起こす要因になりやすいため**です。降水量は**転倒ます型雨量計**という測器で観測され、雪が降る場合はいったんヒーターで雪を融かして水にしてから降水量を測ります。

気象庁と大阪管区気象台では天気や、水平方向で見通せる距離を示す視《し》程《てい》、雲の状態などを目で見て観測する**目視観測**を続けていますが、そのほかの気象官署では機械による自動観測に切り替えられました。膨大な観測データを得られるアメダスは、天気予報の精度の向上や防災・減災に大きく貢献しているのです。

目視観測

気象台の職員が肉眼により観測する手法。天気、雲（量や形、高さ、向き）、視程、雹《ひょう》や竜巻などの大気現象を観測している。

転倒ます型雨量計

降水量0.5mmに相当する雨水がますに溜まると、シーソーのように転倒する。その転倒の回数で降水量を測る。

気象官署

全国約150か所にある気象台や測候所。アメダスの観測要素に加え、気圧、視程、天気などの自動観測を行っている。

気象レーダー

気象レーダー観測でわかるもの

●気象レーダーで観測した降水強度

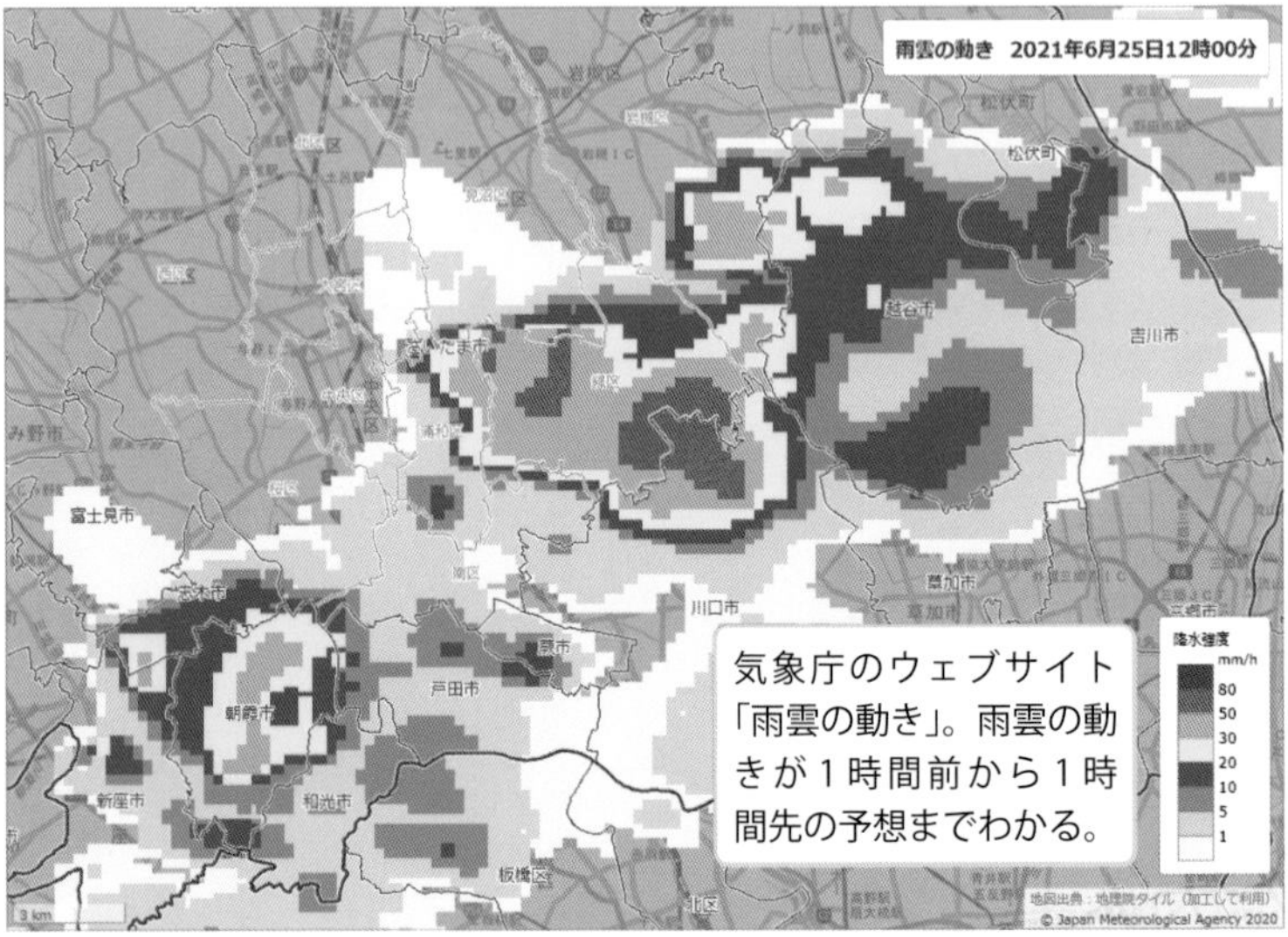

気象庁のウェブサイト「雨雲の動き」。雨雲の動きが1時間前から1時間先の予想までわかる。

●二重偏波《にじゅうへんぱ》気象《きしょう》ドップラーレーダーのしくみ

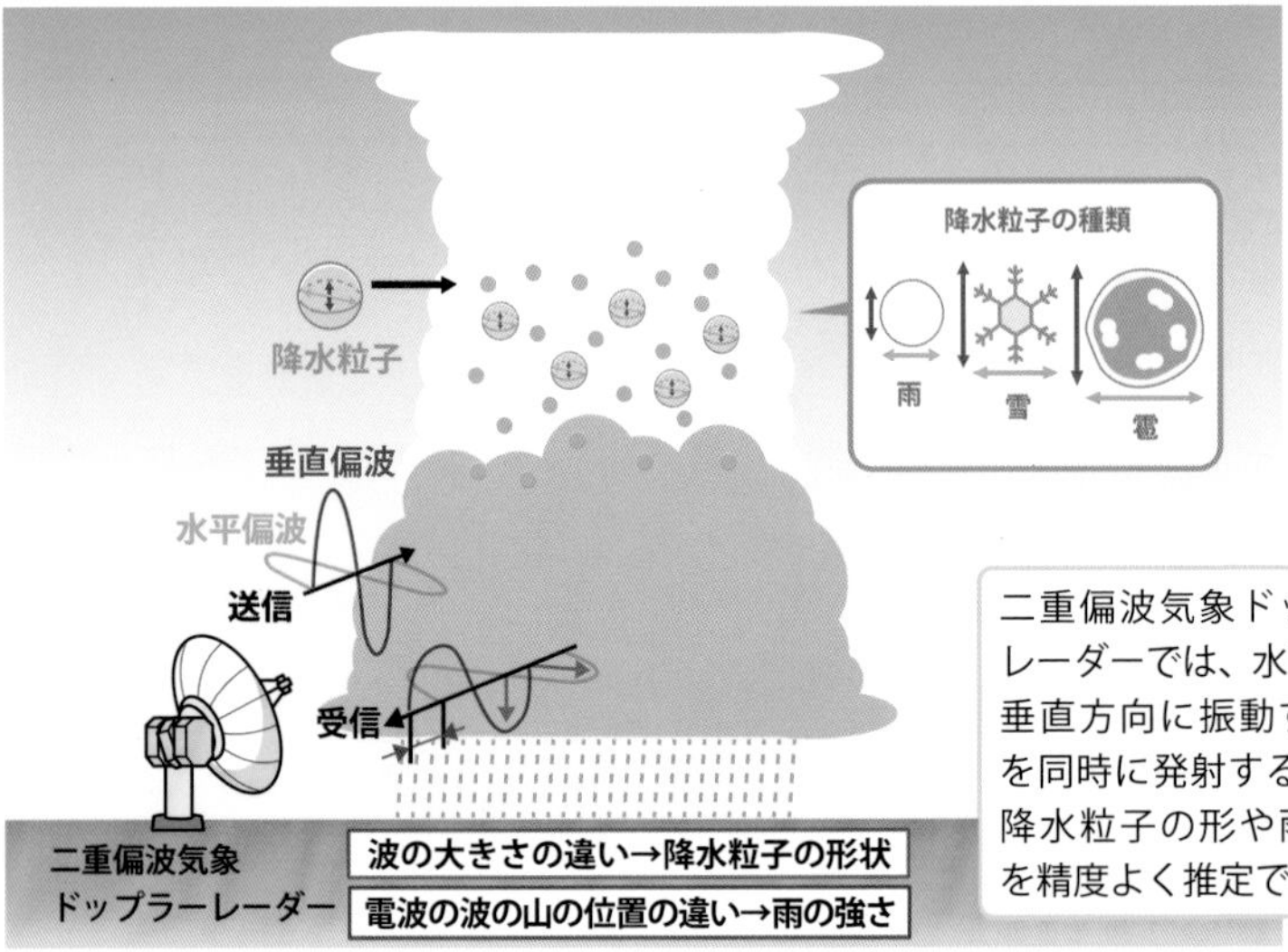

二重偏波気象ドップラーレーダーでは、水平方向と垂直方向に振動する電波を同時に発射することで、降水粒子の形や雨の強さを精度よく推定できる。

「急な雨でずぶ濡れになってしまった……」という経験はないでしょうか。突然の雨に濡れないために活用してほしいのが**気象レーダー**です。

気象レーダーとは、アンテナを回転させながら発射する電波により、**半径数百km内に存在する雨や雪を観測する機器**です。発射した電波がレーダーに戻ってくるまでの時間から、雨や雪までの距離を測ります。そして、戻ってきた電波の強さを観測することで、雨や雪の降り方の強さがわかるのです。

また、送信した電波と戻ってきた電波の周波数のずれ(**ドップラー効果**)を利用し、雨や雪の粒の水平方向の動きを捉えることで、上空の風を観測することもできます。気象庁の気象レーダーは、日本のほぼ全域をカバーするように、全国で20か所に設置されています。

さらに近年、気象庁によって展開されている**二重偏波気象ドップラーレーダー**では、**水平方向と垂直方向に振動する電波**が用いられています。これにより、雲の中にある雨や雪、雹などの「降水粒子」の形や種類を判別できるほか、**降水強度**をこれまでより正確に推定できるようになってきました。

気象レーダーによって得られたデータは、気象庁のウェブサイト「雨雲の動き」や民間気象会社のアプリなどで見ることができ、強い雨が降っているところやその雨雲の動きなどをリアルタイムで簡単に確認できます。普段から使いこなして、いざというときに慌てないようにしましょう。

降水強度

現在降っている雨が1時間降り続くとして換算した降水量。瞬間的な雨の強さの指標になる。

二重偏波気象ドップラーレーダー

水平・垂直に振動する2種類の電波を用いる。降水粒子の大きさや形、種類などを推定できる。

ドップラー効果

電波の周波数が物体の移動によって変わること。これを利用して雨粒の移動から風を観測できる。

気象衛星

地球を観測する気象衛星

●気象衛星ひまわりで観測した地球

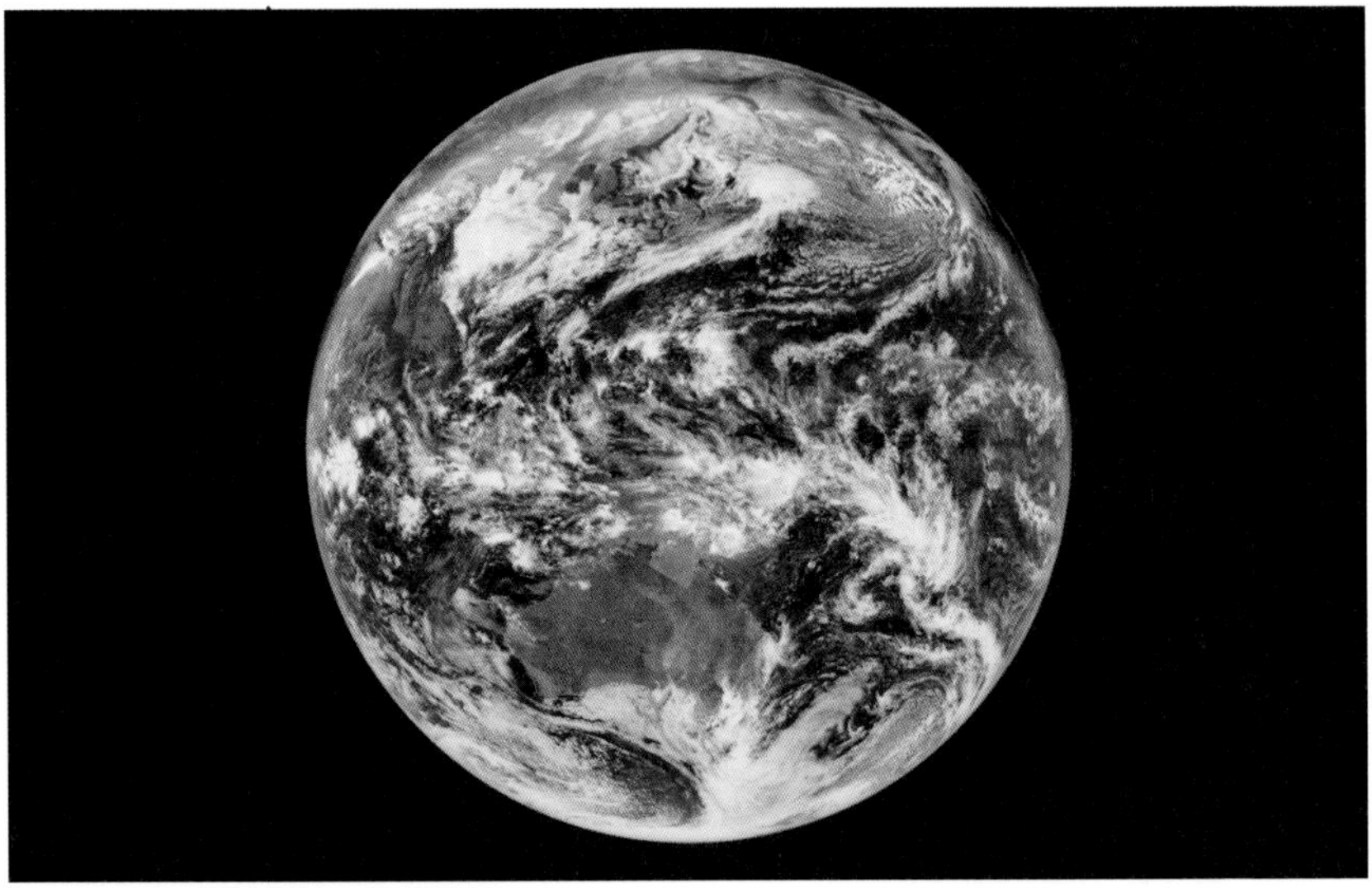

●雲の観測から大気の流れがわかる

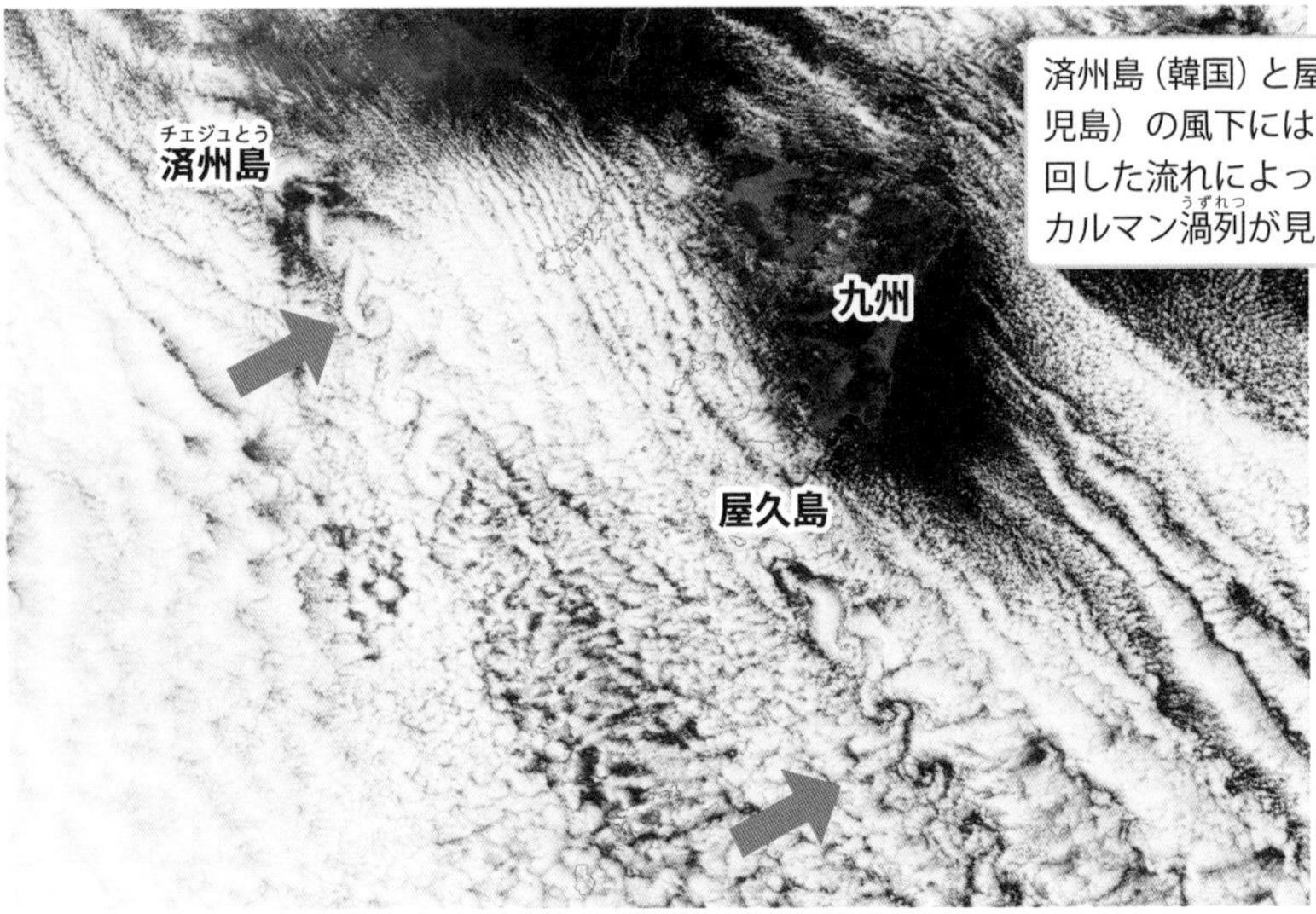

済州島（韓国）と屋久島（鹿児島）の風下には、島を迂回した流れによってできるカルマン渦列《うずれつ》が見える。

私たちが地上から見る空はほんの一部ですが、宇宙にある**気象衛星**からは地球を包む空全体を眺められます。世界各国が地球の上空に打ち上げている**静止気象衛星**や**極軌道気象衛星**は、地球をくまなく観測することで、雲をはじめ、海面水温や風などの情報を提供してくれているのです。

日本が打ち上げた静止気象衛星**ひまわり**は、**赤道上空の約３万６千㎞で、地球の自転と同じ周期**で地球の周囲を回ります。このため、地上からは常に同じ位置にあるように見え、日本を含む半球を高頻度に観測できます。極軌道気象衛星は、**赤道に対して垂直方向に、南極と北極を結ぶ軌道**を回ります。同じ場所を連続で観測できるひまわりと異なり、同じ場所は１日に約２回しか観測できません。しかし極軌道気象衛星は、ひまわりの観測の解像度が落ちる高緯度地方の観測もカバーでき、高度８００〜１千㎞とひまわりより低高度を飛んでいるため、より鮮明に観測できる特長があります。

ひまわりの観測データから、天気予報でおなじみの雲の様子を知る画像がつくられます。太陽からの可視光線の反射の強さで雲の状態を観測する**可視画像**、人間の目で見たような色合いで再現される**トゥルーカラー再現画像**、赤外線の強さによりつくられる**赤外画像**や**水蒸気画像**があります。気象庁のウェブサイトや、ＮＩＣＴの「ひまわりリアルタイムＷｅｂ」では、現在だけではなく、過去の画像も見られます。地上からおもしろい雲を見かけたら、気象衛星で宇宙からも見てみると、より雲を楽しめます。

水蒸気画像
大気中の水蒸気からの赤外放射を観測した画像。対流圏の上・中層の湿り具合を白黒で表現し、大気の流れを把握できる。

赤外画像
雲、地表面、大気から放射される赤外線を観測した画像。高い空にある温度の低い雲をより白く表現するのが一般的。

トゥルーカラー再現画像
人間の目で見たような色を再現した可視画像。植生や黄砂、火山灰、煙などが明瞭に判別できる。日中のみの利用となる。

数値予報

天気予報の元になる数値予報モデル

●数値予報モデルで考慮している様々な現象

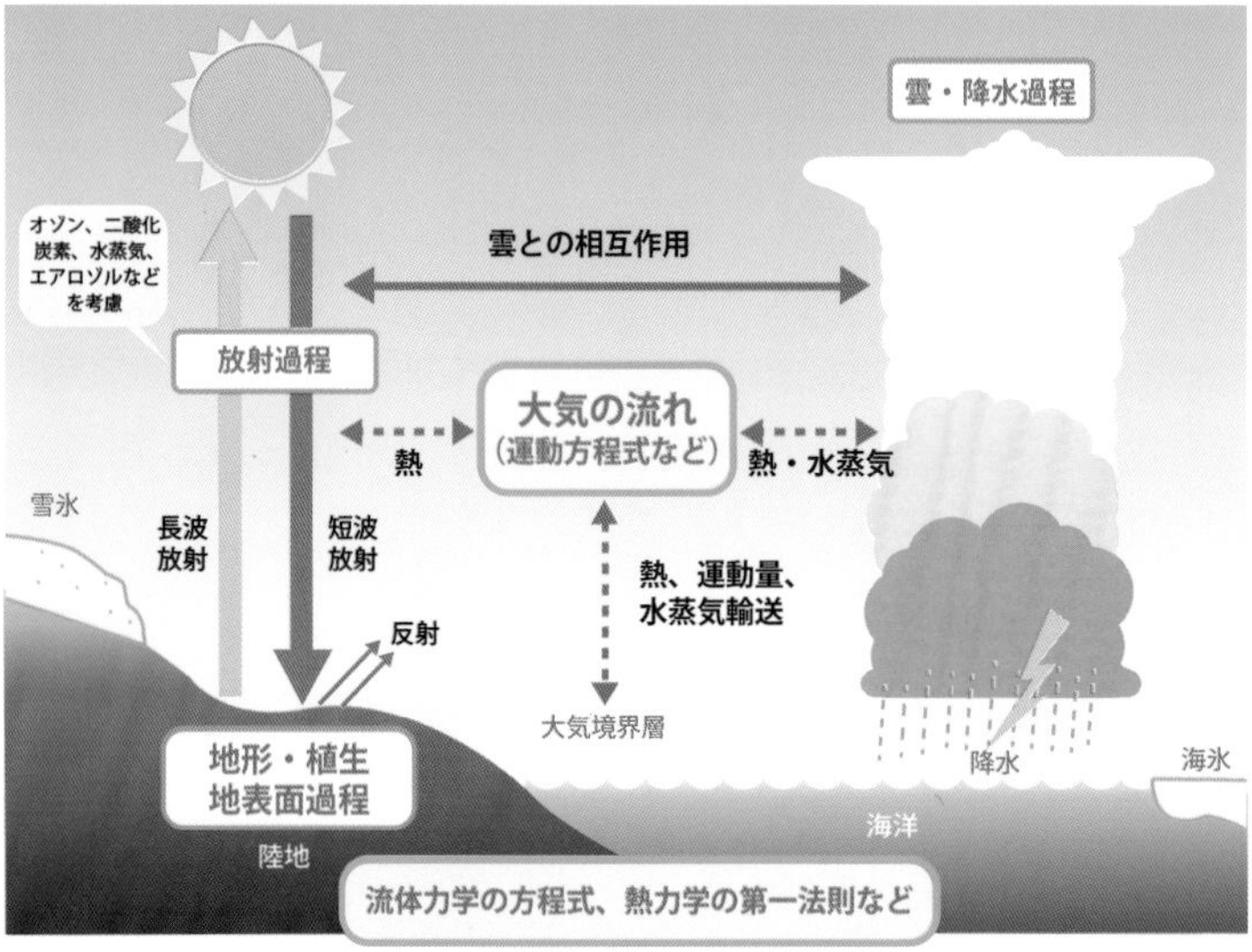

●数値予報モデルによる予測の例

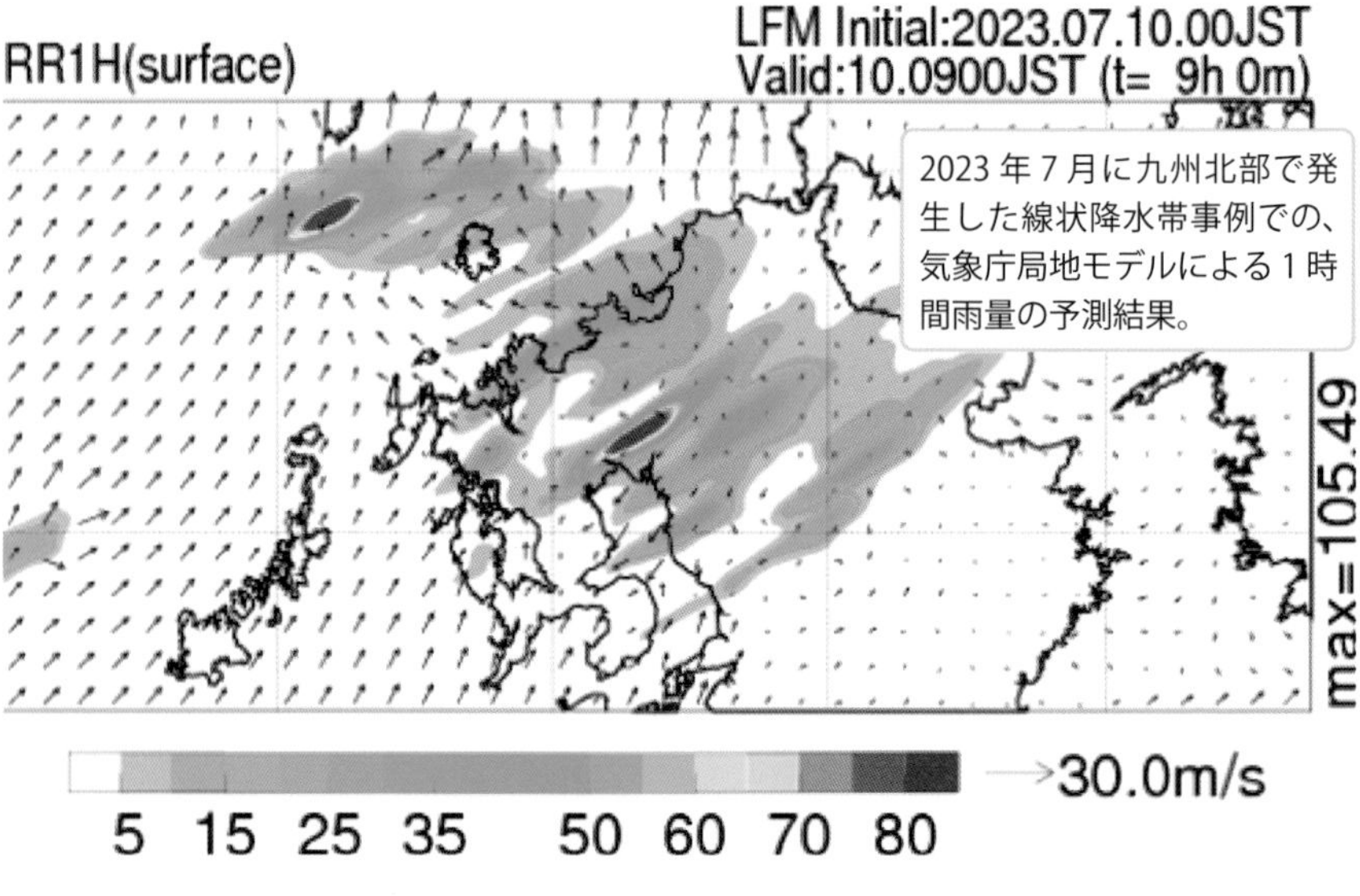

天気予報をつくる骨格となるのが「数値予報モデル」（61ページ参照）です。将来の大気の状態を計算し、天気を予測する**数値シミュレーション**の実験を最初に試みたのは、イギリスの気象学者の**ルイス・フライ・リチャードソン**でした。彼はコンピュータが実用化される前、６時間先の天気を１か月以上かけて手計算で求めたそうです。残念ながら計算に問題があって失敗しましたが、これが現在の天気予報に欠かせない数値予報の原点です。

数値予報では、スーパーコンピュータ内に仮想の地球の大気を設定します。その大気の中で細かく分けられた格子ごとに、現在の温度や湿度などの大気の状態を表す値を与え、未来に向かってどのように変化するかを計算しているのです。数値予報モデルには、大気の流れを支配する**運動方程式**や、気温の変化に関わる**熱力学第一法則**など、物理法則に基づくプログラムが使われます。これには、太陽や雲の放つ熱、地表面や海面、地形の影響も考慮されています。しかし、局地的な大雨や竜巻など、規模の小さな現象は、格子間隔の細かさに応じた物理過程が必要で、現在でも正確な予測が難しいです。このため、**最終的には人の手を介し、対象とする現象に応じてモデルの結果を総合的に判断**して、天気予報をつくる必要があります。

最近はインターネット上で、誰でも日本や海外のモデルの計算結果を見られますが、大きな誤差が含まれる場合もあるため、鵜呑《うの》みにしてはいけません。特に防災目的には、誤差も考慮された気象情報を利用してください。

熱力学第一法則

空気塊の内部エネルギー（熱エネルギーと運動エネルギー）が保存されるという法則。エネルギー保存の法則ともいう。

運動方程式

物体の運動を記述する微分方程式。気象学では大気について様々な近似をして、数値的に将来の大気の状態を解いている。

リチャードソンの夢

６万４千人が一斉に計算すれば、実際の時間の進行と同じ速さで数値予報ができるという、リチャードソンの構想。

カオス

どうして天気予報が外れるの？

●天気予報が外れる原因となる「カオス」

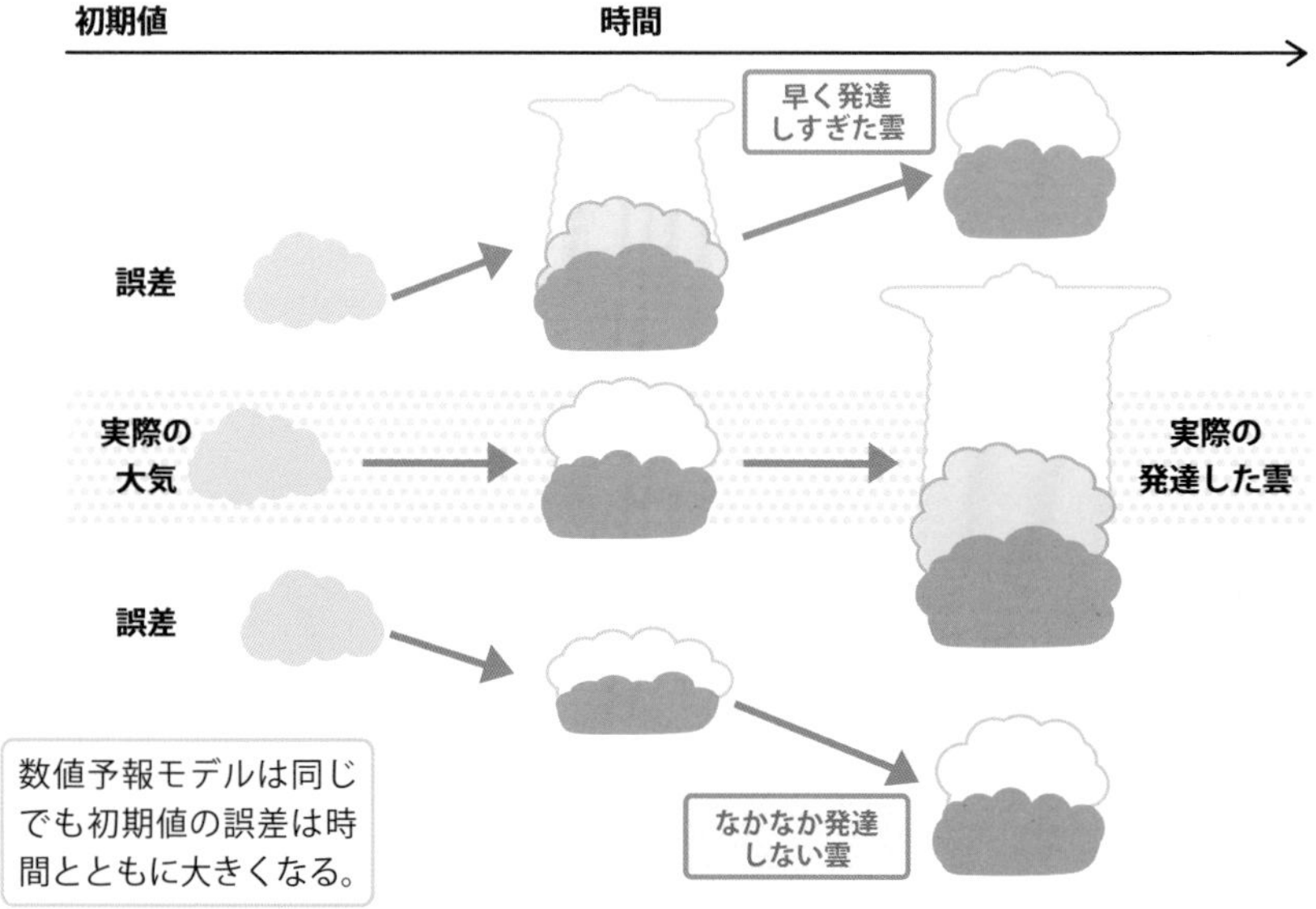

●予測の難しい現象

台風による暴風、大雨、高潮
（2021年7月台風第6号の気象衛星画像）

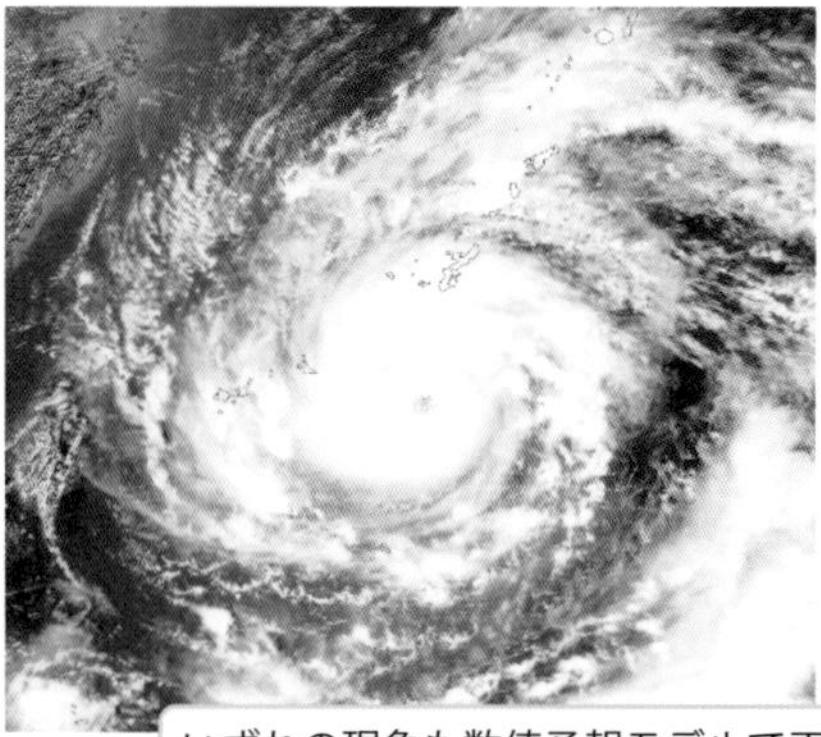

南岸低気圧による首都圏の降雪
（2022年1月の大雪。白い部分は積雪）

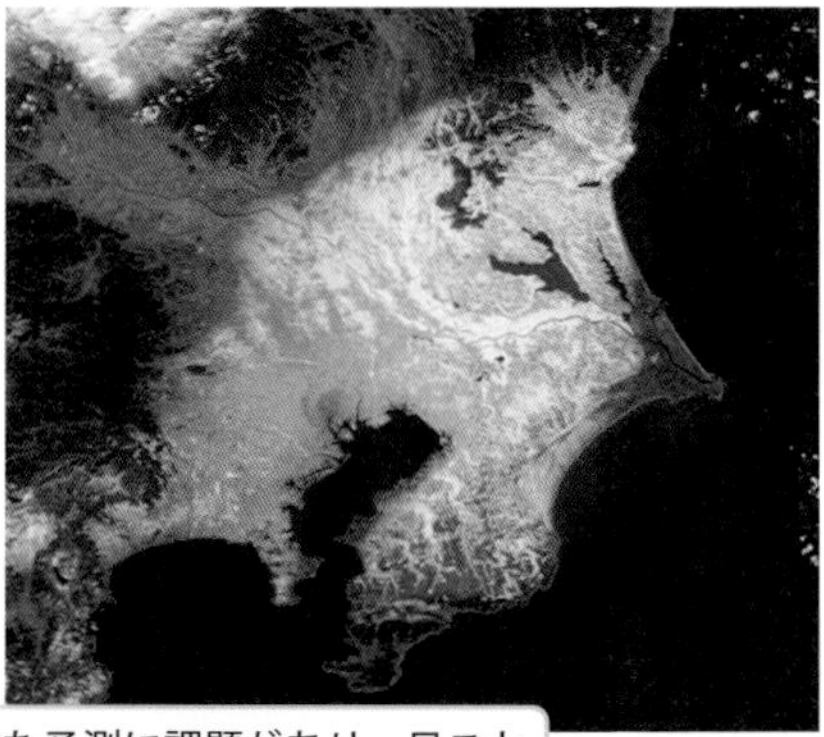

いずれの現象も数値予報モデルで正確な予測に課題があり、日ごとに予報が変わる場合がある。最新の台風情報・気象情報を利用しよう。

１週間先までの天気が予報される「週間天気予報」をテレビで見ていると、見るたびに先の予報が変わることや、予報が外れることもあります。天気予報が外れる原因の一つが**カオス**です。カオスとは、**少しの誤差が時間とともに大きくなっていく**という大気の性質のことです。これは、１９６０年代に気象学者のエドワード・ローレンツによって発見されました。天気予報の元になっているのは**数値予報**の結果ですが（68ページ参照）、一般に**予報期間が長くなるほど、予報結果の誤差は大きくなります。**

数値予報の誤差には種類があります。たとえば、観測データの誤差です。これは、観測が正しくできていなかった場合や、観測機器の精度などに起因して発生します。数値予報では、観測データから現実的な大気を解析する**データ同化**の技術が用いられますが、そもそも観測を行っていない場所では誤差が大きくなりやすいのです。またカオス以前の問題で、数値予報モデルの限界による誤差も。数値予報モデルの物理法則は完全ではなく、雲・降水や乱流の過程など、現実の大気現象を表現しきれないこともあります。

また、数値予報の結果は数値なので、天気予報を作成するために人間が利用できる予報要素（天気や降水確率）に翻訳されます（**ガイダンス**）。ただし、ガイダンスの結果も数値予報に依存するため、数値予報に誤差があるとガイダンスも外れます。このため、天気予報の適中率を１００％にすることは現実的に難しいのです。

ガイダンス
数値で表される数値予報の結果から、晴れ・曇り・雨などの天気や降水確率などの予報要素に翻訳したもの。

データ同化
品質管理を経た観測値を使い、数値シミュレーションの出発点となる3次元的な大気の状態を表す解析値を求めること。

カオス
数値シミュレーションの出発点などに含まれる小さな誤差が、時間とともに大きくなるという大気の特徴的な性質。

降水確率

降水確率で雨を読む

●天気予報で発表される降水確率の例

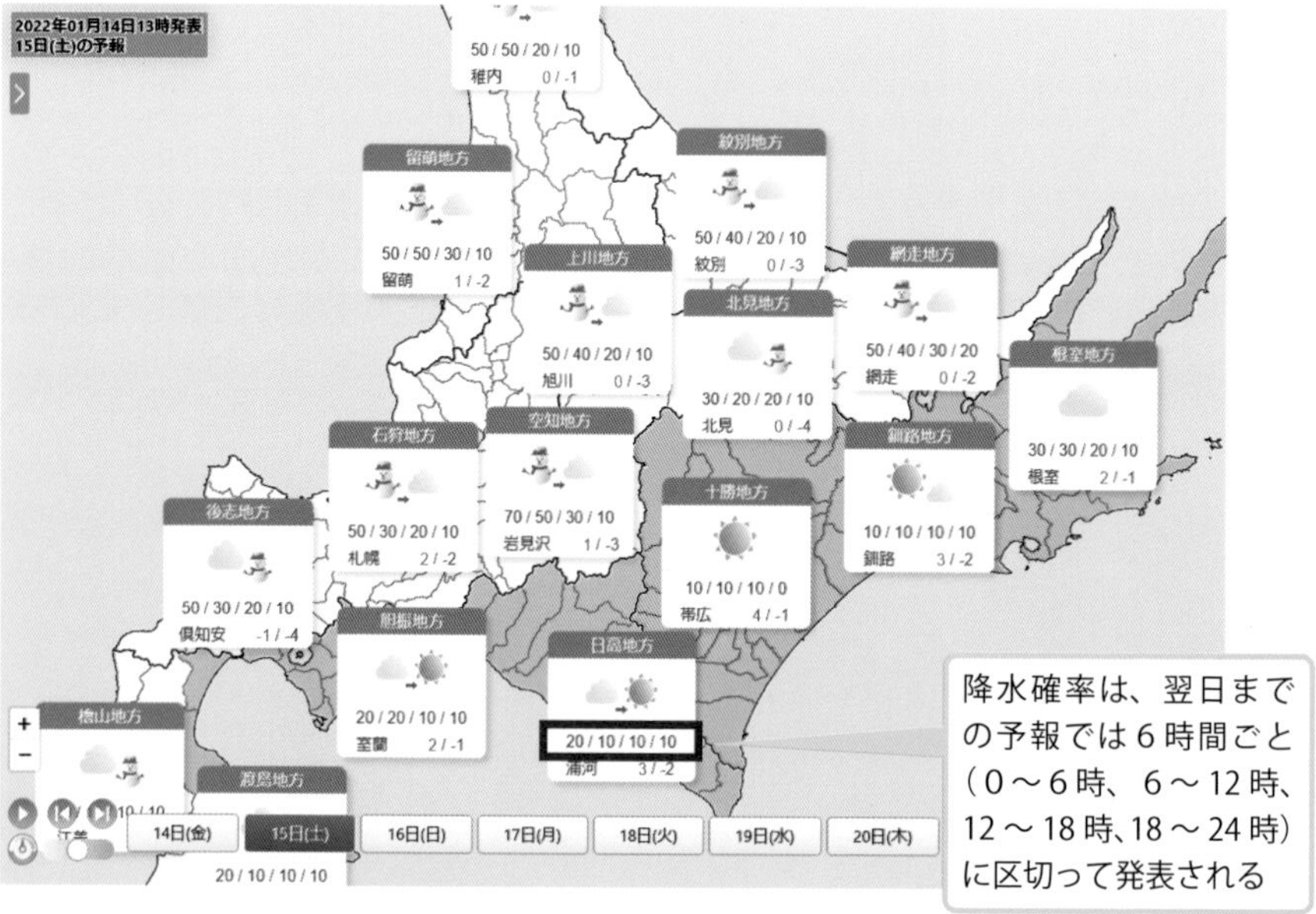
2022年01月14日13時発表
15日(土)の予報
50 / 50 / 20 / 10
稚内 0 / -1
留萌地方
50 / 50 / 30 / 10
留萌 1 / -2
紋別地方
50 / 40 / 20 / 10
紋別 0 / -3
上川地方
50 / 40 / 20 / 10
旭川 0 / -3
北見地方
30 / 20 / 20 / 10
北見 0 / -4
網走地方
50 / 40 / 30 / 20
網走 0 / -2
根室地方
30 / 30 / 20 / 10
根室 2 / -1
石狩地方
50 / 30 / 20 / 10
札幌 2 / -2
空知地方
70 / 50 / 30 / 10
岩見沢 1 / -3
釧路地方
10 / 10 / 10 / 10
釧路 3 / -2
後志地方
50 / 30 / 20 / 10
倶知安 -1 / -4
十勝地方
10 / 10 / 10 / 0
帯広 4 / -1
胆振地方
20 / 20 / 10 / 10
室蘭 2 / -1
日高地方
20 / 10 / 10 / 10
浦河 3 / -2
檜山地方
渡島地方
20 / 10 / 10 / 10
14日(金)
15日(土)
16日(日)
17日(月)
18日(火)
19日(水)
20日(木)
降水確率は、翌日までの予報では6時間ごと（0～6時、6～12時、12～18時、18～24時）に区切って発表される

●実際の天気と降水確率

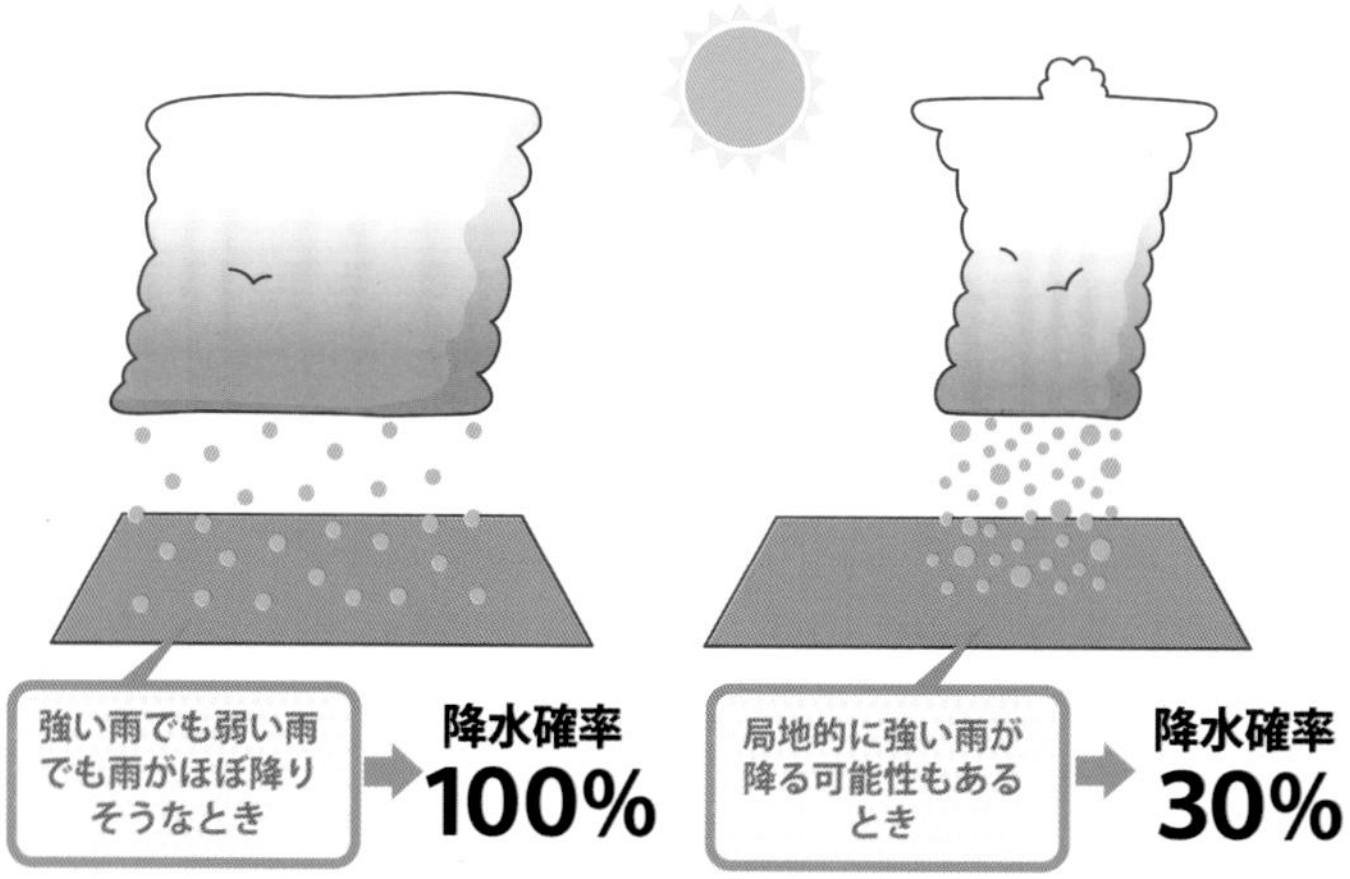
強い雨でも弱い雨でも雨がほぼ降りそうなとき
降水確率
100%
局地的に強い雨が降る可能性もあるとき
降水確率
30%

降水確率が１００％と30％では、それぞれどのような雨が降るイメージを持つでしょうか。数字の大きいほうが強い雨が降ると思われがちですが、そうではありません。

降水確率とは、**予報区内で一定の時間に降水量１㎜以上の雨か雪が降る確率**のことで、10％ごとに示されます。降水確率が70％なら、「同じ状況が１００回あった場合、そのうち70回は１㎜以上の雨や雪が降る」という意味です。このため、降水確率が１００％でシトシトと弱い雨が降ることもあれば、降水確率が30％でもザーザーと強い雨が短時間で降ることもあります。このように降水確率は、雨や雪の降りやすさを確率で表したもので、雨の降る強さや時間を表してはいないのです。

さらに注意が必要なのが、降水確率が10％以上あって雨の降る可能性があるにもかかわらず、**天気予報のマークに反映されないケース**があることです。というのも気象庁では、雨や雪の降る地域の合計面積が、**対象となる予報区の50％未満の場合**、「所《ところ》により」という表現を用い、雨や雪のマークは付けません。たとえば、「晴れ時々曇り所により雨」という予報では、「晴れ時々曇り」の部分しかマークに反映されないのです。このため、雨のマークがなくても降水確率が30％で、天気が急変して土砂降りの雨になることもあります。「マークに隠れた雨」の存在も気にしておくと、もっと天気予報を上手に活用できると思います。

降水量

降った雨が流れ去らず、そのまま溜まった場合の水の深さで、単位はmmを用いる。降水とは雨だけではなく、雪や霰《あられ》、雹など、融かすと水になるものすべてを指している。

予報区

予報および警報・注意報の対象とする区域。天気予報では全国・地方・府県の各予報区がある。府県天気予報は地域特性により、さらに分割した「一次細分区域」を対象に行う。

大気不安定

「大気の状態が不安定」とは？

● 大気の状態が不安定で発達した積乱雲《せきらんうん》

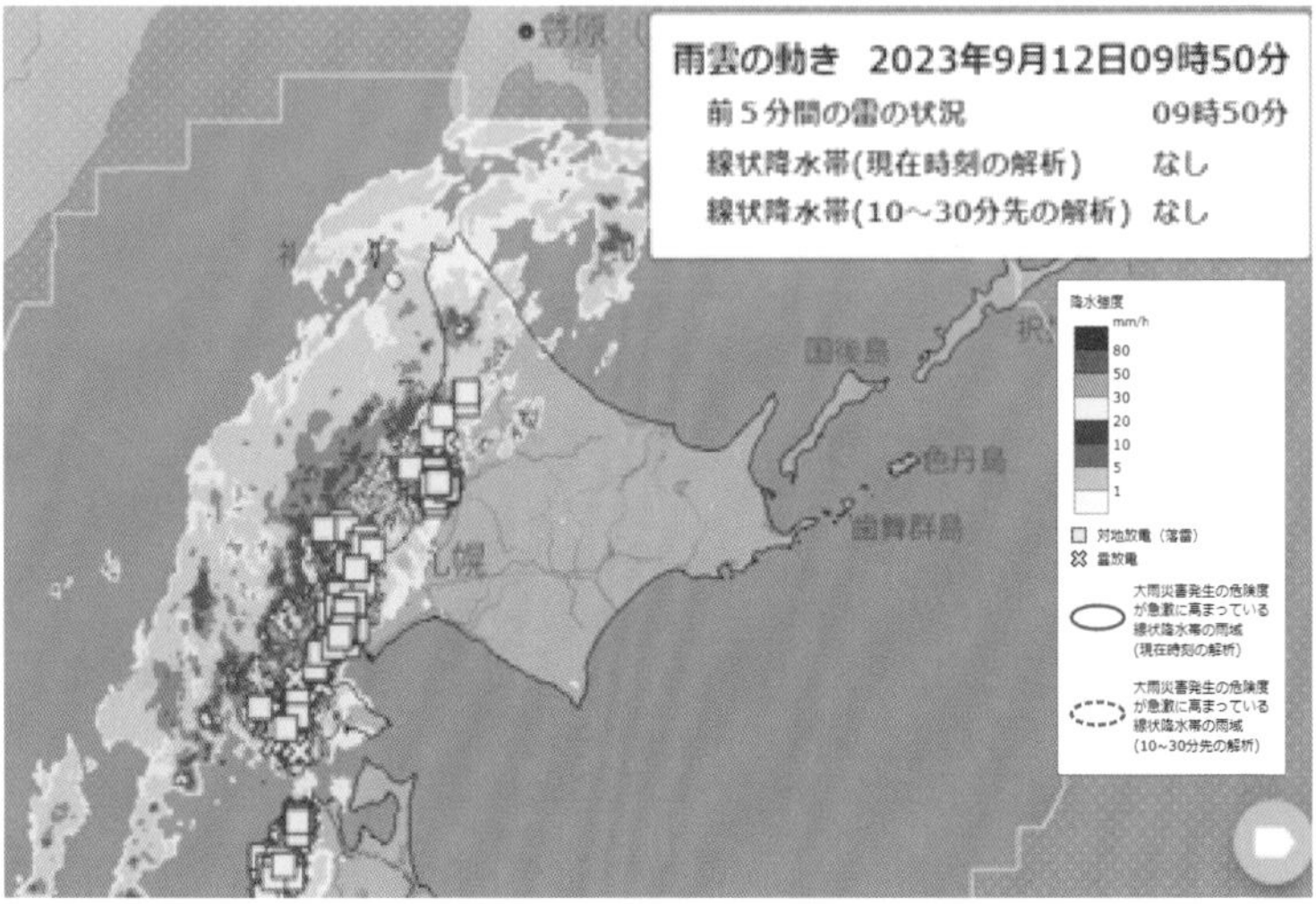

● 降水短時間予報の例

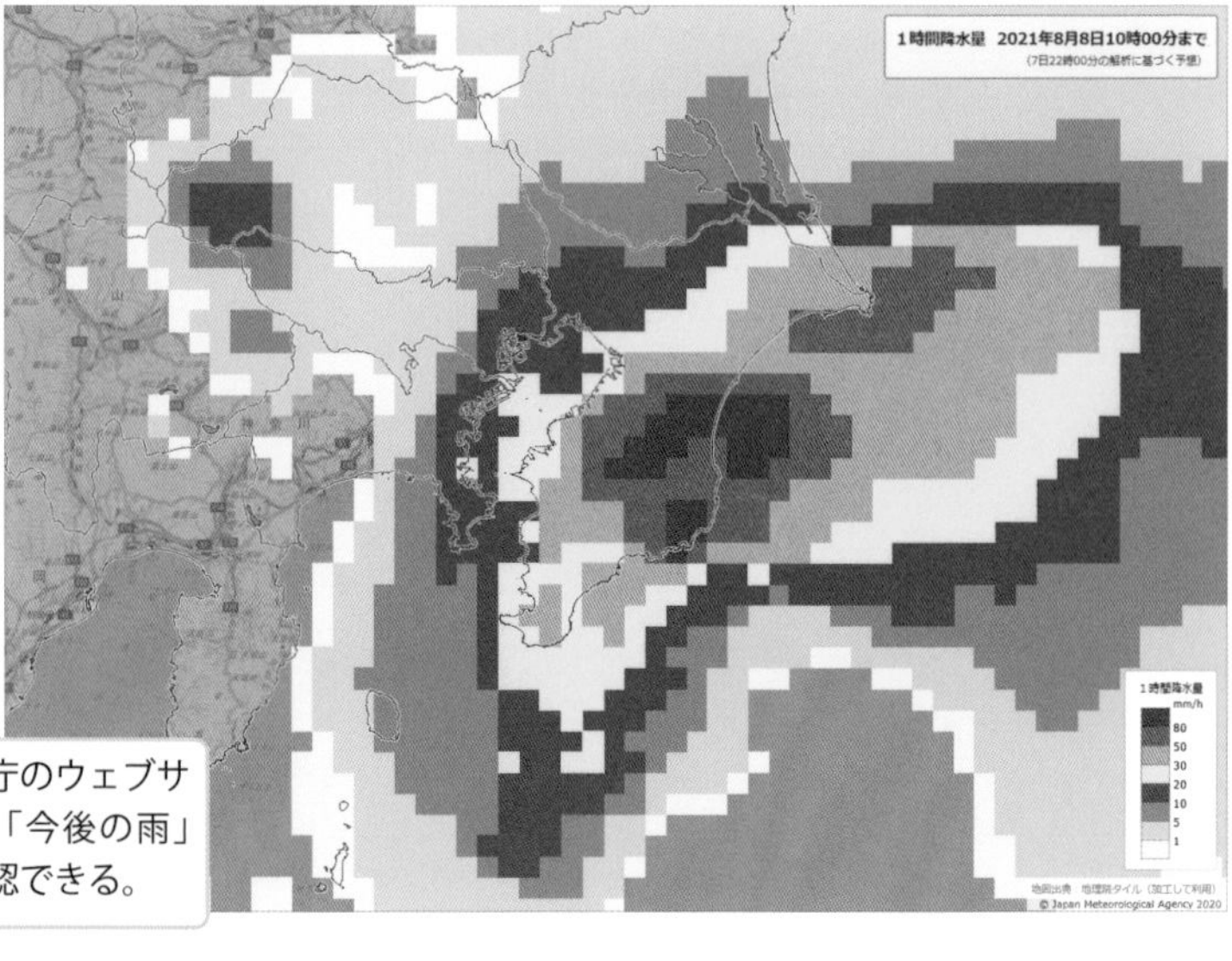

気象庁のウェブサイト「今後の雨」で確認できる。

天気予報で「**大気の状態が不安定**」という言葉が出てきたら、天気の急変に要注意です。この言葉は、**積乱雲(雷雲《かみなりぐも》)が発生・発達しやすい気象条件**のときに使われます。

大気の状態が安定か不安定かは、**周囲の気温が上空にいくほど下がる割合(気温減率)**によって異なります。ある空気をもち上げたとき、空気の温度が周囲の気温より低いと、密度が大きくて重いため、下向きに力がかかります。このときは大気の状態が安定していて、空気の上昇が抑えられます。逆に、もち上げられた空気の温度が周囲の気温より高いと、密度が小さくて軽いため、空気は上昇を続けます。これが大気の不安定な状態です。

大気の状態が不安定になるのは、上空に寒気が流れ込んだり、低い空に暖かく湿った空気が流れ込んだりするときです。上空に寒気が流れ込むと、気温減率が大きくなり、積乱雲がより高くまで発達できるようになります。また、低い空に暖かく湿った空気が流れ込むと、低い空で雲が発生し、周囲の気温より空気の温度が高くなるため、積乱雲が発生しやすいのです。

積乱雲が発生するような大気の状態が不安定なときには、**発雷確率**も高くなり、**雷注意報**が発表されます。天気予報でこれらの情報や「大気の状態が不安定」と聞いたら、**晴れていても天気が急変するおそれ**があります。**降水短時間予報**などで今後の雨量予測を確認し、発達した積乱雲が近づく兆しがないか(52ページ参照)、空の変化に気を配りましょう。

降水短時間予報

前1時間の降水量の分布の予測情報。15時間先までの予測が気象庁のウェブサイト「今後の雨」で確認できる。

雷注意報

落雷や急な強い雨、竜巻などの突風、降雹《こうひょう》により人や建物への被害が発生すると予想されるときに発表される。

発雷確率

予報の対象となる領域内で、少なくとも1地点で雷が発生する確率。大気の状態が不安定なときは確率が高くなる。

天気分布予報

地域の天気の変化がわかる天気分布予報

●天気分布予報における最高気温の表示の例

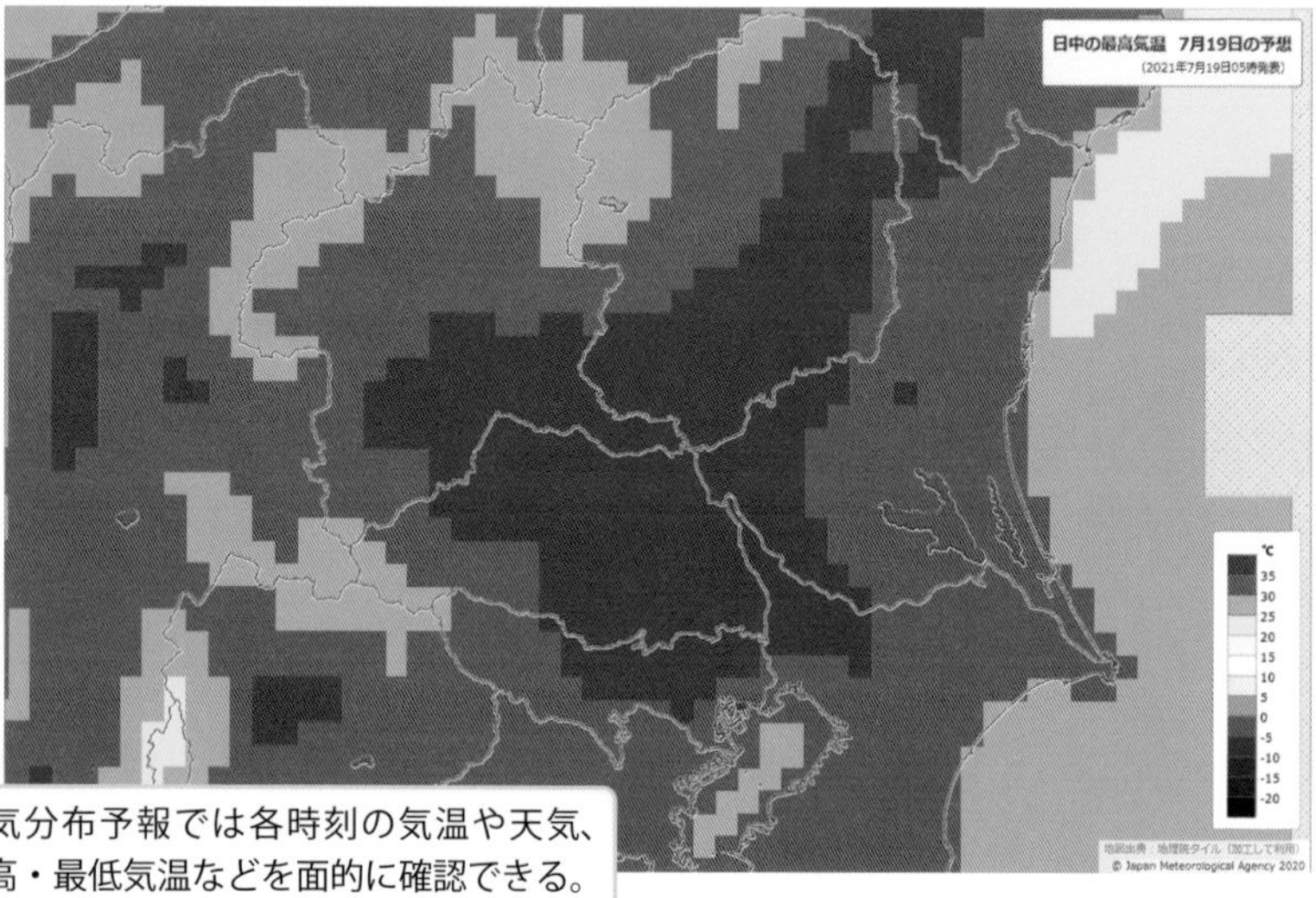

天気分布予報では各時刻の気温や天気、最高・最低気温などを面的に確認できる。

●天気分布予報における3時間ごとの降水量の表示の例

雨や雪が予想されるとき、3時間ごとの降水量や降雪量の予報が参考になる。

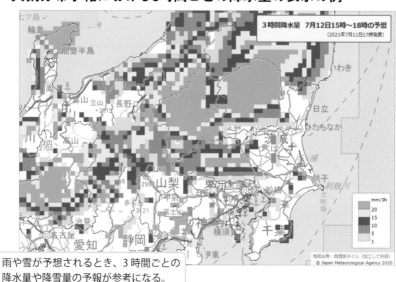

「いつからどこで雨が降るのか、詳しく知りたい」。そんなときに便利なのが**天気分布予報**です。天気分布予報は、**5km四方に分けた全国の3時間ごとの天気、気温、降水量の分布や変化の傾向**を色別で表します。

まず天気は、晴れ・曇り・雨・雨または雪・雪の5種類で表現されます。自分のいる地域や周辺の天気を、地図上でひと目で確認でき、「傘を持参するかどうか」「洗濯物を外に干せるかどうか」の判断など、生活の中でとても役に立ちます。

また天気だけではなく、**3時間ごとの降水量や降雪量の予報**も面的に見られます。大雨や大雪が予想されているときに、いつからどこで雨や雪が強まりそうかがわかりやすいので、備えをする参考になるのです。

都市部から山間部へ移動するときには、**最高・最低気温**や、3時間ごとの気温の分布予報も活用できます。都市部と山間部などでは、同じ県内の同じ時間帯でも気温差が大きくなることがあります。そのため、山へ出かけるときなどに、天気分布予報で地域ごとの気温の予想を確認すれば、服装やもち物などを選ぶ際に参考になります。

天気分布予報は筆者も愛用していて、毎日参照しています。スマートフォンのブックマークに登録するなどして活用しましょう。

最高気温（最低気温）

通常はその日の最高(最低)気温のこと。天気予報では発表時刻によって特定の時間内での値を指す場合があり、「日中」など時間を明示して用いられる。このため地上気象観測の統計と異なる場合がある。

天気分布予報

日本全国を5km四方のメッシュに分け、天気、気温、降水量、降雪量、最高・最低気温の予想を色別で表示したもの。翌日24時までの予報を確認でき、毎日5時、11時、17時に更新される。

信頼度

週間天気予報は「信頼度」にも注目

●週間天気予報の例

日付	今日 03日(水)	明日 04日(木)	明後日 05日(金)	06日(土)	07日(日)	08日(月)	09日(火)	10日(水)
東京	雨	曇一時雨	曇	曇時々晴	曇	曇一時雨	曇一時雨	曇一時雨
降水確率(%)	-/-/80/70	50/10/10/20	40	30	40	60	60	50
信頼度	-	-	-	A	C	B	B	C
最低/最高(℃)	- / 17	11 / 22	10 / 16	9 / 19	12 / 18	13 / 19	10 / 16	10 / 15
大阪	雨	曇一時雨	晴時々曇	曇時々晴	曇一時雨	曇一時雨	曇一時雨	曇時々晴
降水確率(%)			10	30	50	50	50	30
信頼度			-	B	C	C	C	B
最低/最高(℃)			9 / 20	10 / 20	13 / 18	13 / 19	11 / 18	11 / 18

信頼度Cの日の予報は変わる可能性があると考え、最新の天気予報を確認しよう。

●早期天候情報の例

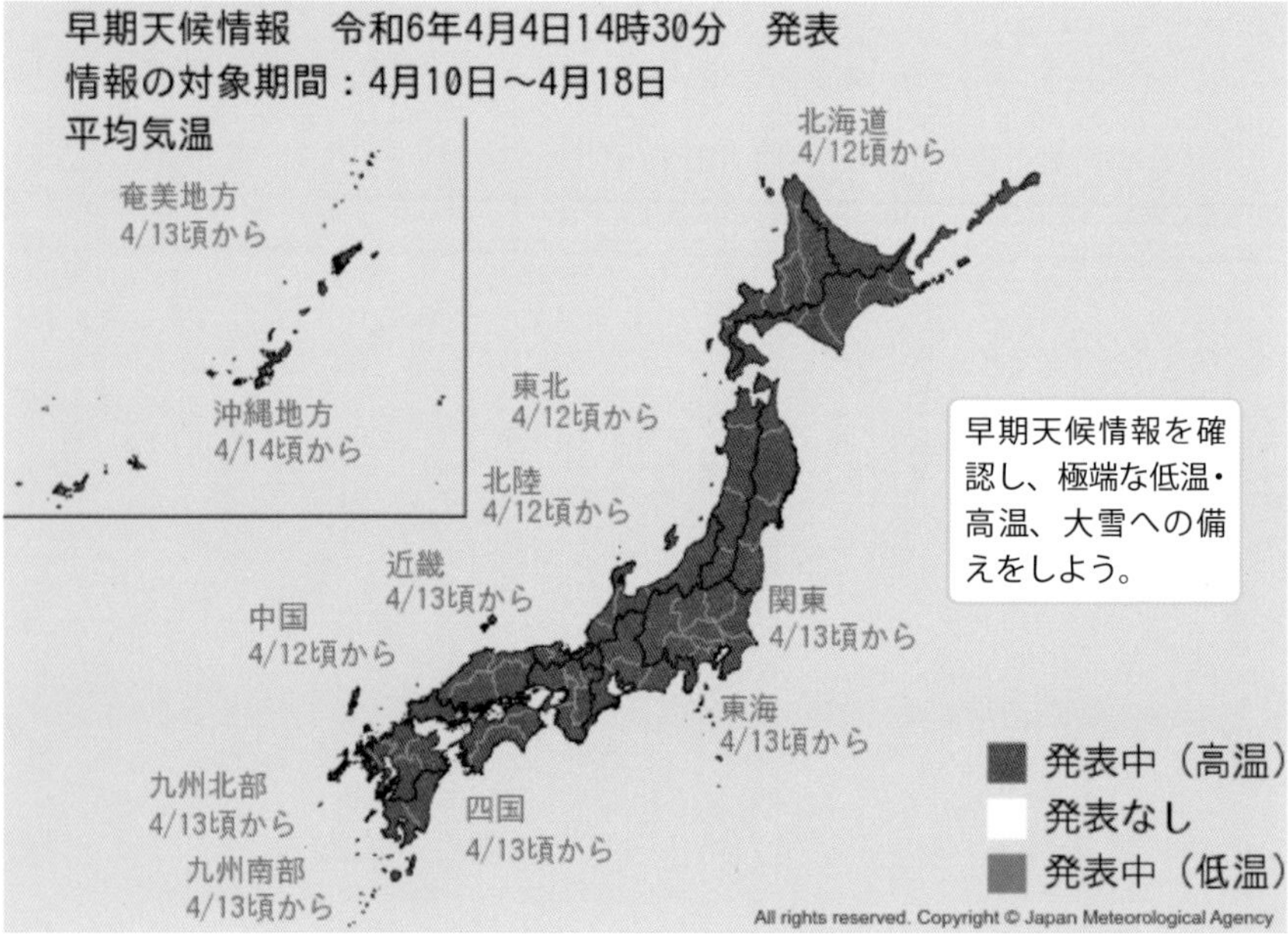

週間天気予報は、発表日の翌日から7日先までの天気予報で、一般的に**先の予報ほど当たりにくくなる傾向**があります。特に梅雨《つゆ》の時期や低気圧が接近しているときなどは、前線や低気圧と、それに伴う雨雲の予測誤差により、予報がたびたび変わることもあるのです。そんなとき、天気の予報と併せて確認していただきたいのが**信頼度**です。

信頼度は、**3日先以降の降水の有無の予報**について、**その確度を高いほうから順にA、B、Cの3段階で評価**したものです。最も予報が的中しやすいAは、降水の有無が翌日に変わる割合は平均1％で、ほとんど変わりません。一方、Cは最も予報が変わりやすく、予報が翌日に変わる割合は平均16％、Bはその中間で平均6％です。信頼度の情報は週間天気予報と併せて気象庁のウェブサイトで見られますので、信頼度がBまたはCの日に予定がある場合は、最新の予報を確認する必要があります。

この信頼度は、**アンサンブル予報**という手法で求められています。週間天気予報のその先の天候については、**2週間気温予報**や**早期天候情報**、**季節予報**という情報があります。これらの長期的な予報も、アンサンブル予報を使い、気温や天気などのおおまかな傾向を確率的に求めています。

長期の予報を使って天候の傾向を把握することで、服装やエアコンの準備を早めに進めたり、農作物の管理に備えたりすることができます。いずれも最新の天気予報と組み合わせながら、上手に使いましょう。

季節予報

期間全体の大まかな天候を平年と比べ3階級に分けて行う予報。1か月予報、3か月予報、暖候期《だんこうき》予報、寒候期《かんこうき》予報がある。

早期天候情報

その時期として10年に一度程度しか起きない高温や低温、降雪量となる可能性が、平年より高いときに発表される。

アンサンブル予報

わずかに異なる誤差をあえて与えた複数の数値予報を行い、統計処理をすることで、不確実さを考慮して予測する手法。

COLUMN

国によって異なる防災気象情報

国や地域によって気候が異なるように、防災対策や防災気象情報もそれぞれの地域に応じて多様です。

たとえばアメリカでは、年間に約1200個の竜巻が発生しており、これは日本の約50倍に相当します。特に中西部の「Tornado Alley(竜巻街道)」と呼ばれる地域では、強い竜巻が頻繁に発生し、住宅には避難用のシェルターが設置されていることが多いです。

アメリカ国立気象局は竜巻の接近が差し迫ると、「Tornado Warning(竜巻警報)」を発表します。日本の竜巻注意情報と同様に、竜巻が目撃されたか、気象レーダーで竜巻発生の可能性が示された状況下などで発表されますが、対象地域の範囲が異なります。

竜巻注意情報は、「○○県南部」のように、県を1から4程度に分けた比較的広いエリアに発表される一方、アメリカのTornado Warningはより細かく、市や地区ごとに発表されます。屋外ではサイレンも鳴り、命を守るためにシェルターや地下室に移動するなど、即時行動が必要とされる緊急性の高い情報です。

また、アメリカでは「Hurricane Warning（ハリケーン警報)」や「Flash Flood Warning（鉄砲水警報)」など、具体的な気象条件に基づく多様な警報が存在します。

各国の気象情報は、その国の地理的および気候的特性に基づいて独自のシステムが構築されています。それぞれの国民が情報を理解し適切に行動することが、自然災害から命を守る鍵となるのです。

第4章

日本の天気のしくみ

天気図

天気図を読んでみよう

● 地上天気図と気象衛星画像の比較(2022年1月6日)

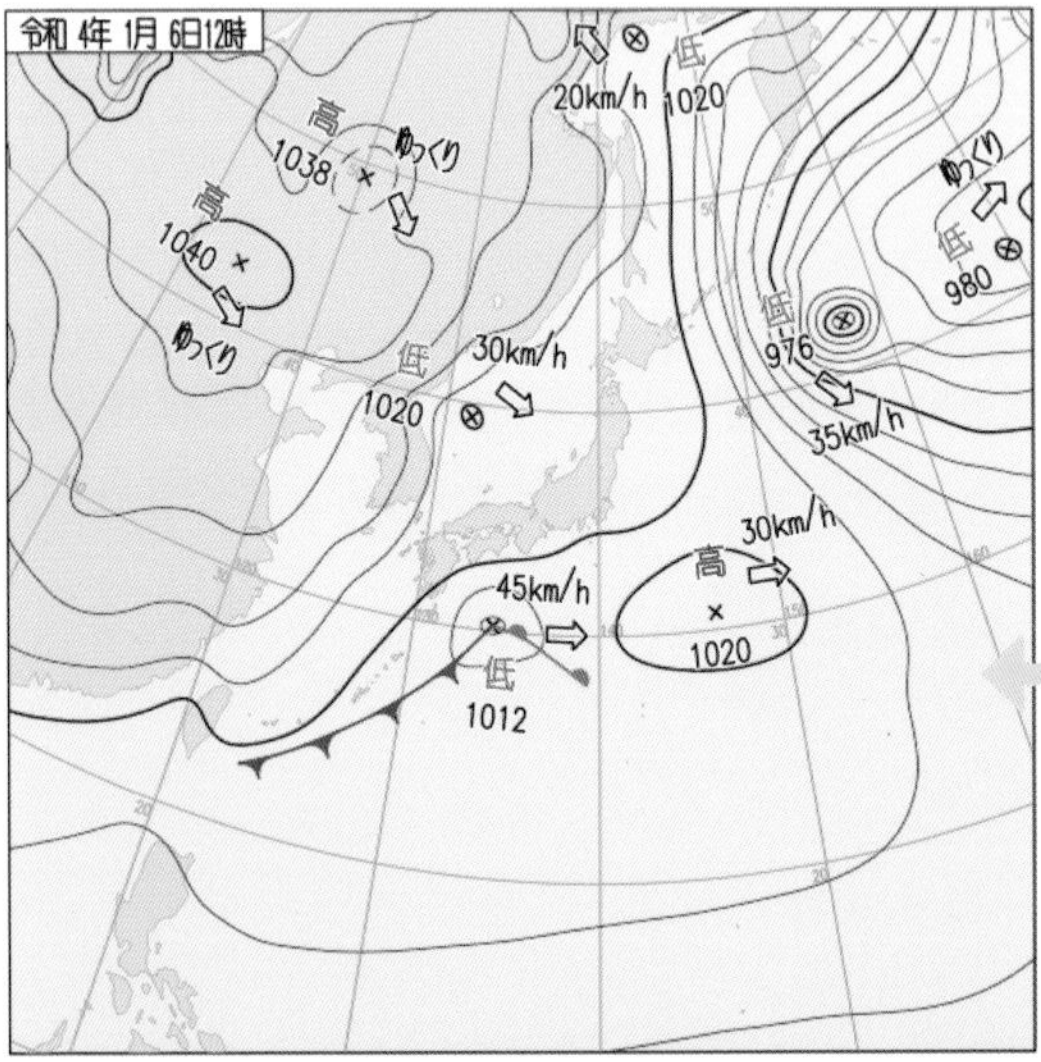

本州の南海上に低気圧があり、それに対応した雲が西日本から東日本の太平洋側に広がっている。また、北海道の東にも低気圧があり、雲が明瞭な渦を巻いているのがわかる。

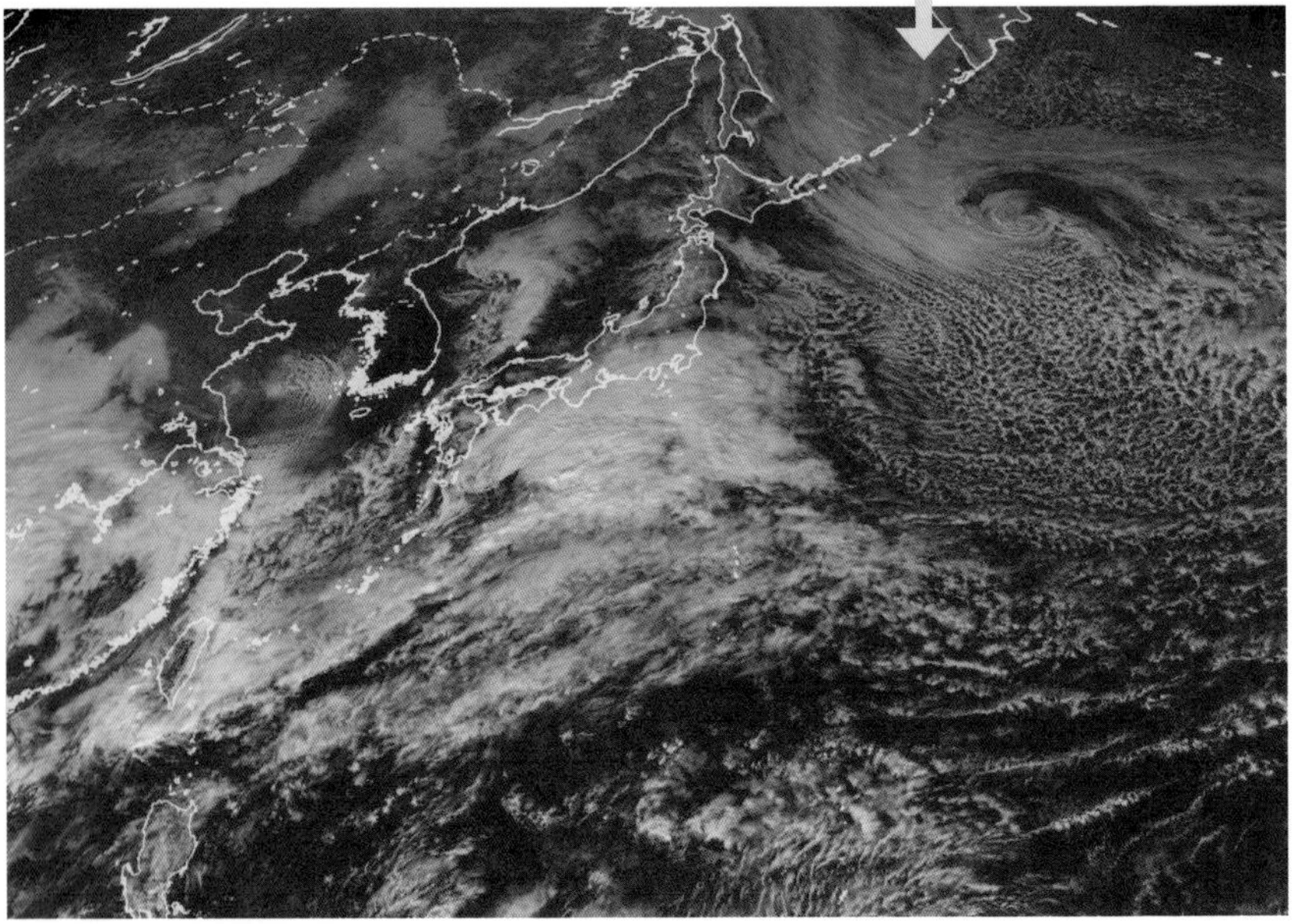

天気予報の解説でたびたび登場するのが**天気図**です。読み方がわかれば、天気図から簡単に天気の移り変わりを把握できます。

一般的に天気図というと、**地上(海抜０ｍ)の気圧配置を表した「地上天気図」**を指します。地上天気図には、気圧が同じところを結んだ**等圧線**が引かれ、１０００ｈＰａを基準に細い実線は４ｈＰａごと、太い実線は20ｈＰａごとに引かれます。等圧線からは気圧のほか、風の吹き方も読み取れます。風は大まかに気圧の高いほうから低いほうへ吹き、等圧線の間隔が狭いところほど気圧の差が大きく、空気の流れが急なため、風が強く吹きます。

この等圧線が輪のように閉じた、周辺より気圧が高いところが**高気圧**、低いところが**低気圧**です。高気圧では、空気が地上で周囲に吹き出し、上空から地上へ向かう下降気流が発生するため、雲ができにくく、晴れやすいのが特徴です。一方、低気圧では、空気が集まったり温められたりすることで上昇気流が発生するため、雲ができ、雨が降りやすくなります。また、**前線**(34ページ参照)は、性質の異なる空気の境目に描かれ、ここでも上昇気流が発生するため、やはり天気が崩れやすくなります。

天気予報を作成する際には、地上天気図だけではなく、「**高層天気図**」で上空の風や温度、湿り具合などにも注目します。テレビや新聞のほか、気象庁のウェブサイトでも過去・現在・未来の天気図を見ることができます。ぜひ実際に空を見上げ、天気と天気図の関係を読み解いてみましょう。

高層天気図

特定の高度や気圧面における気象要素の分布図。気象庁では300hPa(高度約9000m)、500hPa(高度約5700m)、700hPa(高度約3000m)、850hPa(高度約1500m)などの天気図を作成。

等圧線

地上天気図で気圧の等しいところを結んだ線。1000hPaを基準に4hPaごとに引かれる。低気圧・高気圧の中心付近や等圧線の間隔が広いときは2hPaごとに破線が引かれることもある。

偏西風《へんせいふう》

高気圧・低気圧が交互に来る春と秋

●偏西風の影響を受ける秋の天気図と気象衛星画像(2021年10月23日)

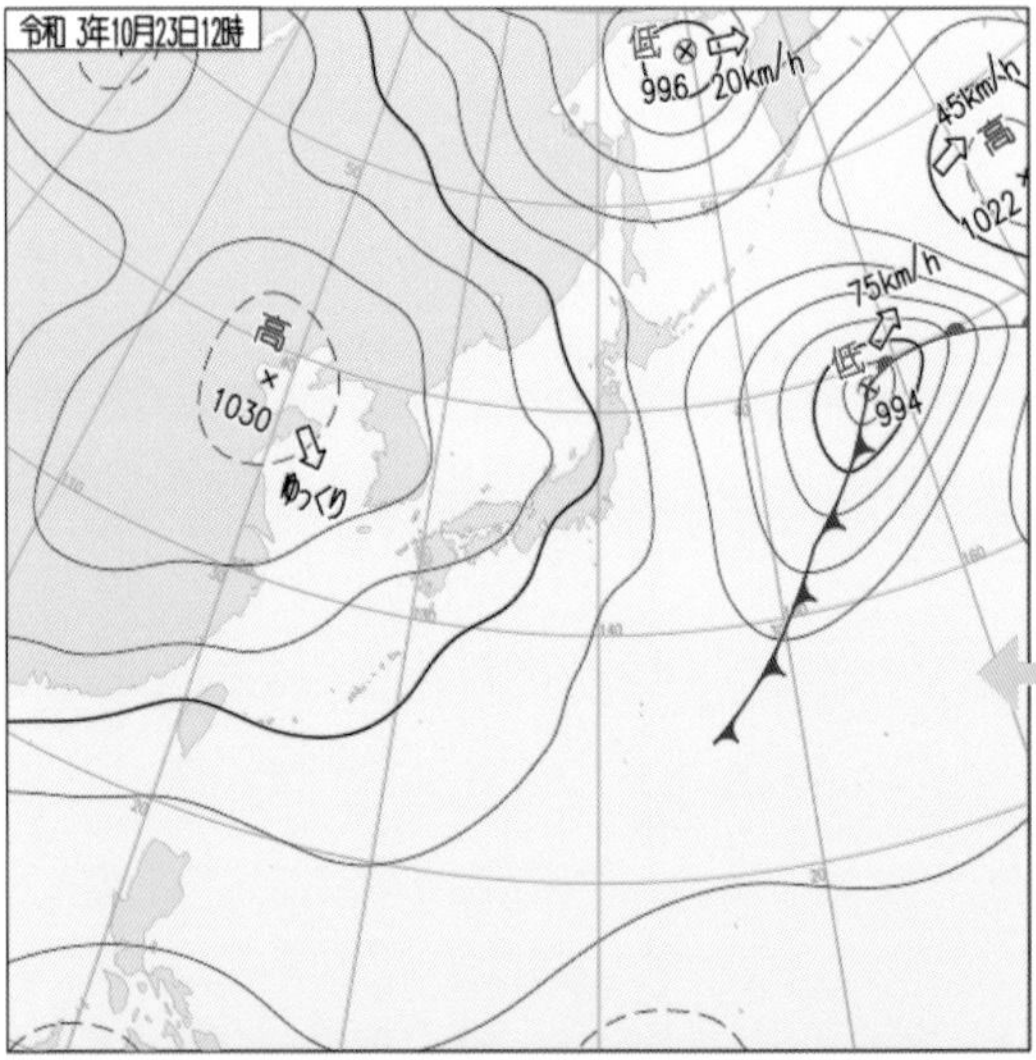

春や秋は偏西風に伴って、高気圧と低気圧が交互に日本付近を通過する。日本の東には発達中の低気圧があり、雲が広がっている。一方で大陸に中心をもつ高気圧圏内では雲が少なくなっていて晴れているのがわかる。

「春に三日の晴れなし」「女心(または男心)と秋の空」などのことわざがあるように、春や秋の天気は変わりやすい傾向があります。その原因が**偏西風**です。

偏西風は、日本列島を含む**中緯度帯の上空で吹いている強い西風**で、偏西風の流れに伴って、晴れをもたらす高気圧や雨を降らせる低気圧がやってきます。また、季節によって吹く位置や強さが変わります。夏は日本の北にあり、日本上空の風は弱まることが多いのですが、秋から春にかけては日本付近まで南下して強く吹きやすく、冬に最も強まります。冬は西高東低の気圧配置(96ページ参照)が続きやすい一方で、春と秋には偏西風が蛇行《だこう》する影響で気圧配置が数日ごとに変わるため、春と秋の天気は変わりやすく、長続きしないのです。天気予報で「**天気は西から下り坂**」とよくいわれるように、日本の天気が西から東へ移り変わることが多いのも、偏西風の影響です。

偏西風が南に蛇行して上空に**気圧の谷**ができると、その前方の地上付近では上昇気流が強まり、低気圧が発生します。低気圧は南北の温度差が大きいほど発達しやすく、短時間で気圧が急降下する**爆弾低気圧**が発生して嵐をもたらすこともあります。低気圧からのびる前線まで含めると本州がすっぽり入る大きさになることもあり、全国的に荒れた天気となります。

数日ごとに天気が変わる春や秋には、こまめに天気予報を確認し、天気や気温の変化に上手に対応しましょう。

偏西風
中緯度地域の上空で西から東に向かって強く吹く風。波打ちながら(蛇行)吹くことで南北の温度差を小さくする。

気圧の谷
周囲より気圧の低いところ。偏西風が南に蛇行する部分を指す。北に蛇行する部分は「気圧の尾根」という。

爆弾低気圧
短い期間で中心気圧が急激に低下する温帯低気圧。正式な予報用語ではなく、気象庁は「急速に発達する低気圧」としている。

黄砂《こうさ》

黄砂はなぜ日本に飛来するの？

●黄砂情報の表示の例

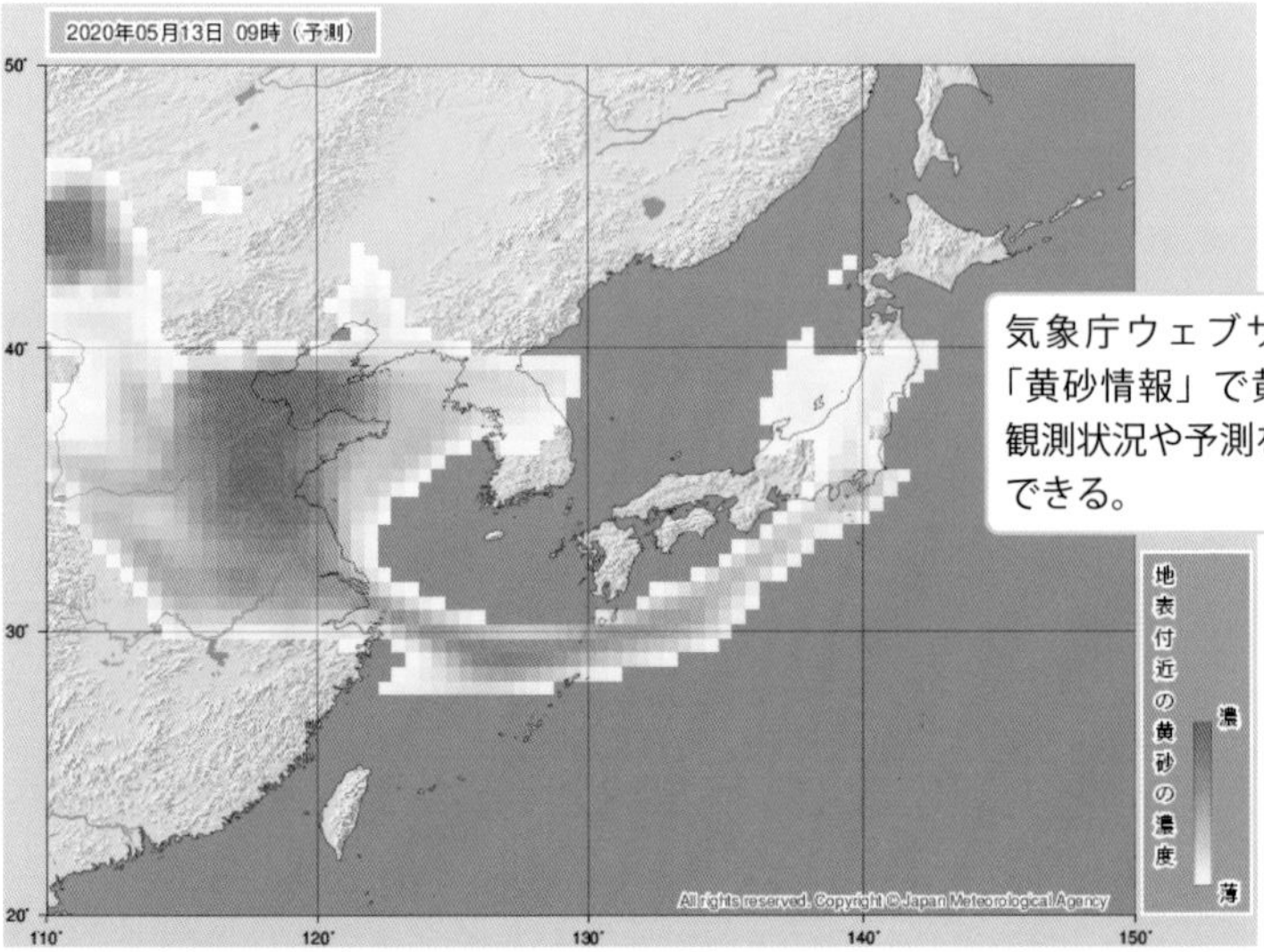

気象庁ウェブサイト「黄砂情報」で黄砂の観測状況や予測を確認できる。

●気象衛星が捉えた黄砂

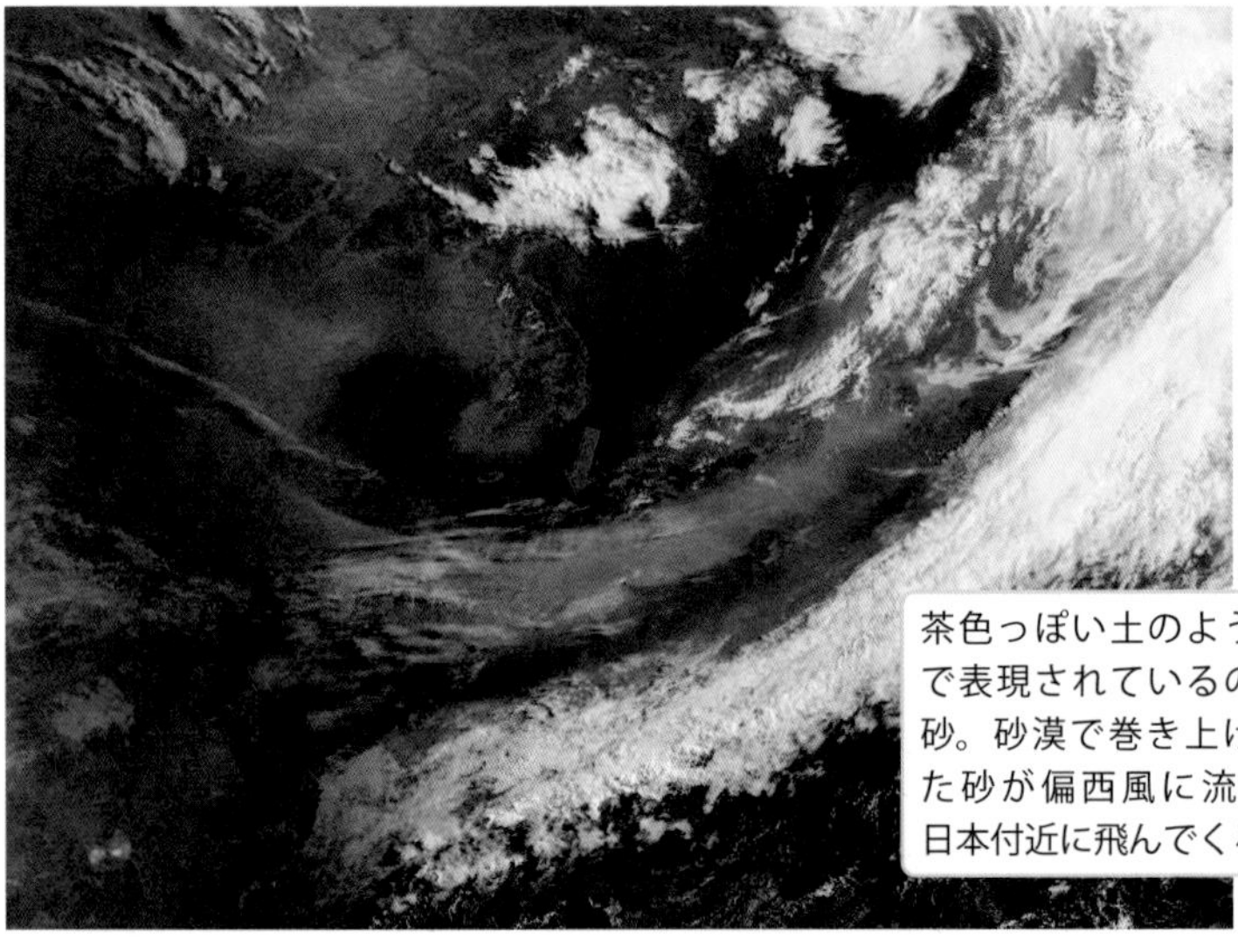

茶色っぽい土のような色で表現されているのが黄砂。砂漠で巻き上げられた砂が偏西風に流され、日本付近に飛んでくる。

春になると、自動車や窓ガラスに黄色い砂が付いていることがあります。この砂は**黄砂**と呼ばれ、中国大陸内陸部のタクラマカン砂漠やゴビ砂漠、そして黄河《こうが》流域の黄土《おうど》地帯からやってきたものです。

黄砂は統計的に3~5月の春に多く観測され、秋や冬に飛来することもあります。春になると**砂漠を覆っていた雪が融け、低気圧が発達する**ことで砂が巻き上げられやすくなります。これが偏西風に乗り、日本へと運ばれるのです。ときには空が黄褐色《おうかっしょく》に濁り、その様子は気象衛星ひまわりでも捉えることができます。

黄砂は、気象庁と大阪管区気象台では目視で観測され、見通せる距離を表す**視程**《してい》も伝えられます。視程が10km以下になると風景がぼんやりとかすみ、5km以下になると自動車や洗濯物などへの付着が目立ち始めます。さらに、2km以下になると航空機の離着陸にも影響が出ることがあるのです。また黄砂や、黄砂に含まれている微粒子(**PM2・5**など)は循環器系や呼吸器系の疾患、アレルギー症状を悪化させるという報告もあり、健康管理も欠かせません。

日本へ黄砂の飛来が予測されるときは、天気予報で伝えられるほか、気象庁のウェブサイトでも確認できます。洗濯物を室内に干したり、アレルギー症状のある人は外出の際に眼鏡やマスクを着用したりするなどの対策を取りましょう。

視程

肉眼で物体がはっきりと確認できる水平方向の最大距離。黄砂のほか、霧や吹雪、煙霧《えんむ》などによっても見通しが悪化する。気象台から見える山や建物などの目標物を目安に距離を測る。

PM2.5

大気中に浮遊している2.5μm以下の小さな粒子。髪の毛の太さの30分の1程度と非常に小さいため、人が吸い込むと肺の奥深くまで入りやすく、呼吸器系や循環器系に影響を及ぼすおそれがある。

梅雨《つゆ》

梅雨はなぜ起こるの？

● 梅雨《ばいう》前線が発生するしくみ

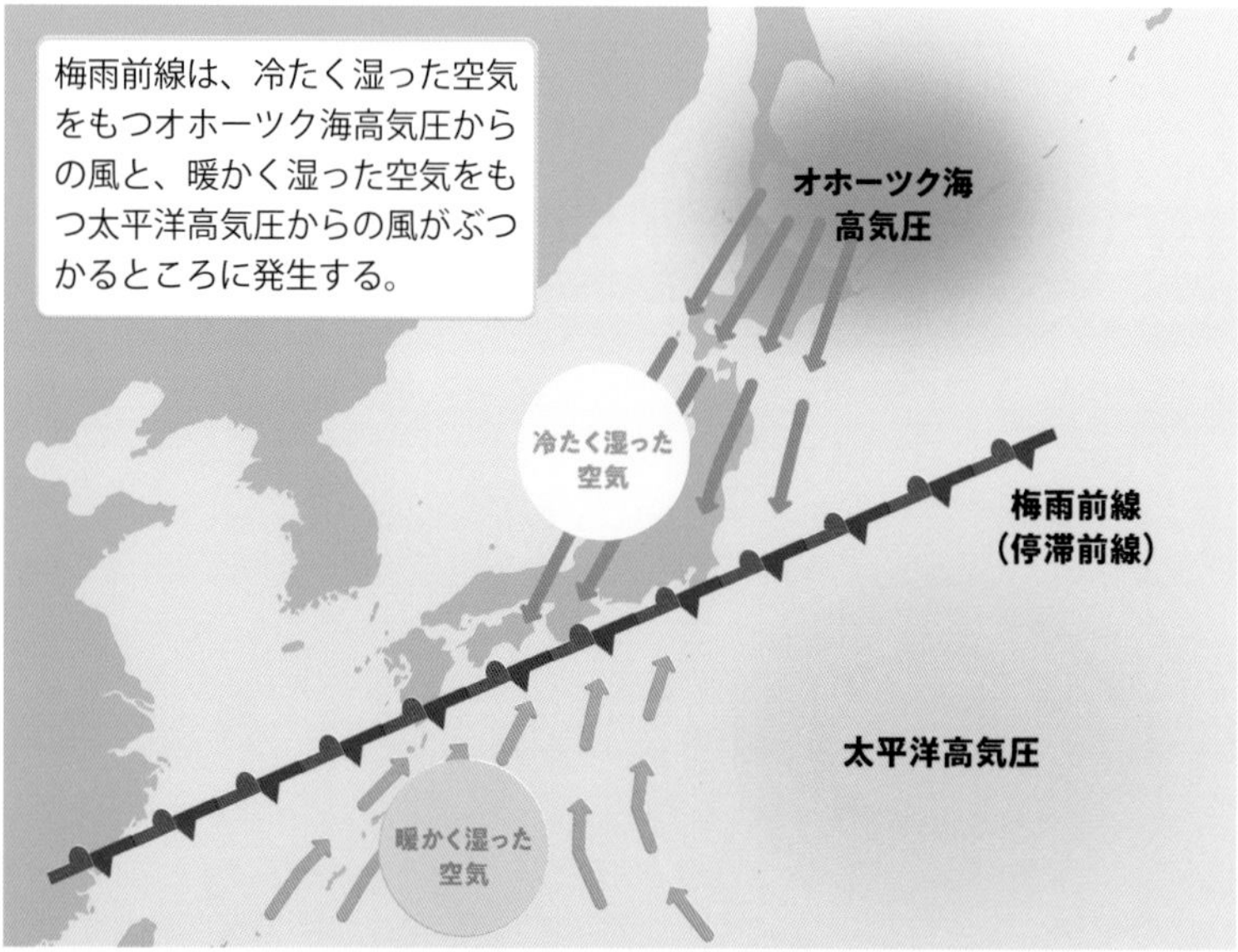
梅雨前線は、冷たく湿った空気をもつオホーツク海高気圧からの風と、暖かく湿った空気をもつ太平洋高気圧からの風がぶつかるところに発生する。
オホーツク海
高気圧
冷たく湿った
空気
梅雨前線
（停滞前線）
太平洋高気圧
暖かく湿った
空気

● 梅雨前線に伴って東西に長くのびる雲

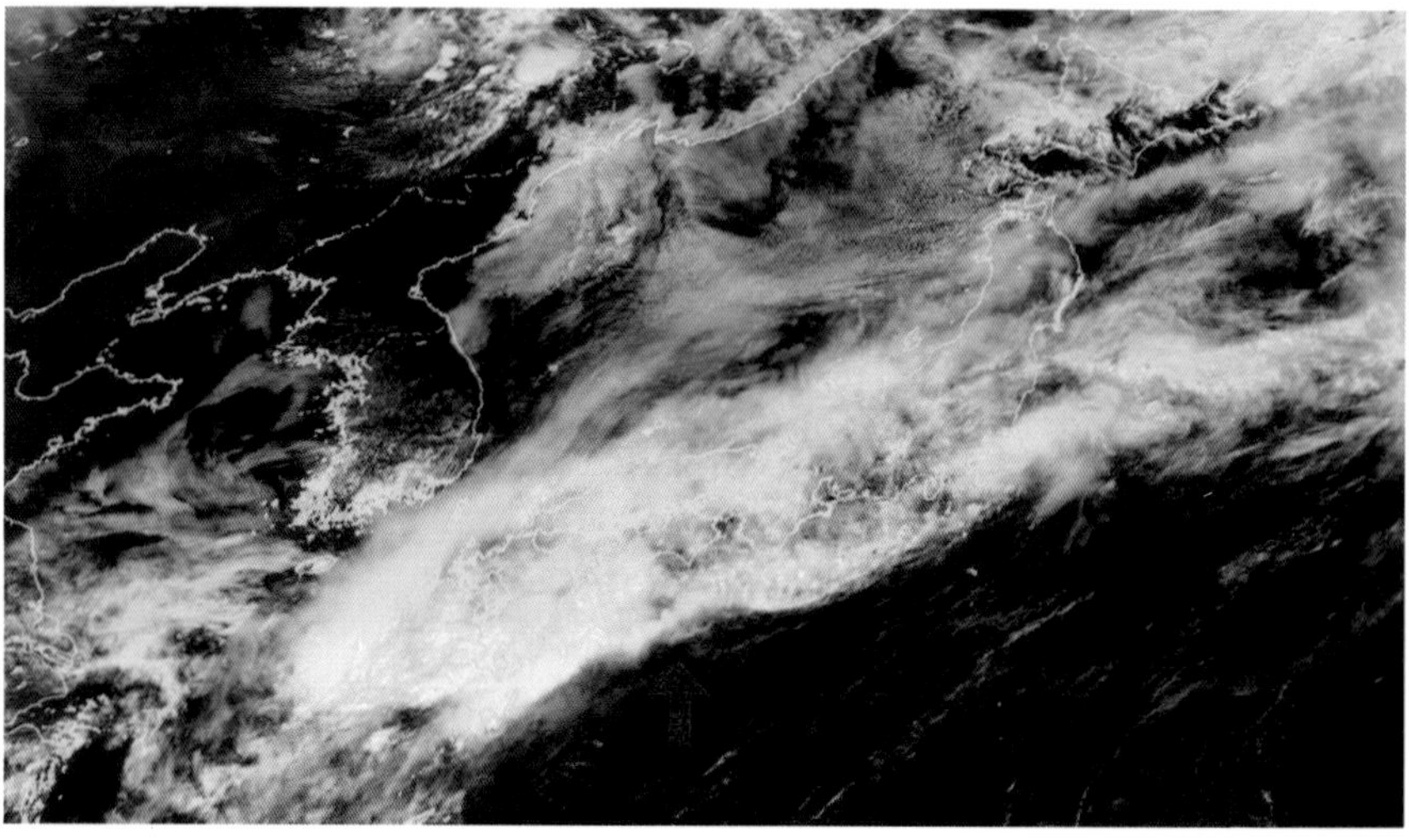

春から夏へと移り変わる時期に訪れる「梅雨」は、春夏秋冬に加えて5つめの季節ともいわれています。

梅雨に長雨となる原因は、日本付近に停滞する**梅雨前線**にあります。梅雨前線は、日本の北側にある**オホーツク海高気圧から吹き出す冷たく湿った空気**と、南側の**太平洋高気圧がもたらす暖かく湿った空気**がぶつかることで生まれます。平年では5月上旬に沖縄地方で梅雨入りしたあと、太平洋高気圧の勢力が強まるにつれて梅雨前線は日本列島を徐々に北上し、7月下旬には東北地方で梅雨明けとなります。北海道地方に達する頃には前線の活動が弱まるため、北海道地方では梅雨入り・梅雨明けの発表はありませんが、「蝦《え》夷《ぞ》梅雨《つゆ》」と呼ばれる雨季が現れることがあります。

梅雨末期には、河川の氾濫や土砂崩れなどの大きな災害が発生しやすくなります。これは、**線状降水帯**（110ページ参照）などによる集中豪雨が起こることがあるためです。線状降水帯の発生には、多量の水蒸気の流入（**大気の川**など）が関係しているという指摘がありますが、詳しいメカニズムは現在も研究中です。

このような災害を防ぐ注意喚起のため、気象庁は梅雨入り・梅雨明けを速報値として発表します。その後、実際の天候の経過を考慮した検討を行い、9月にその年の梅雨入り・梅雨明けを確定させています。梅雨入りが発表された際は大雨に対する心構えを一段階高め、気象情報に気を配りましょう。

オホーツク海高気圧

オホーツク海や千島列島付近で勢力を強める、冷たく湿った気団の高気圧。梅雨の頃に明瞭になることが多い。

太平洋高気圧

夏に強まる暖かい空気でできた高気圧。その中心はハワイ諸島の北の東太平洋にあり、日本の夏に晴天と暑さをもたらす。

大気の川

巨大な河川のような水蒸気の帯。低気圧の発達や豪雨に関係しているといわれている。

太平洋高気圧

夏の気圧配置は高気圧が主役

●南高北低の気圧配置の例（2019年8月1日）

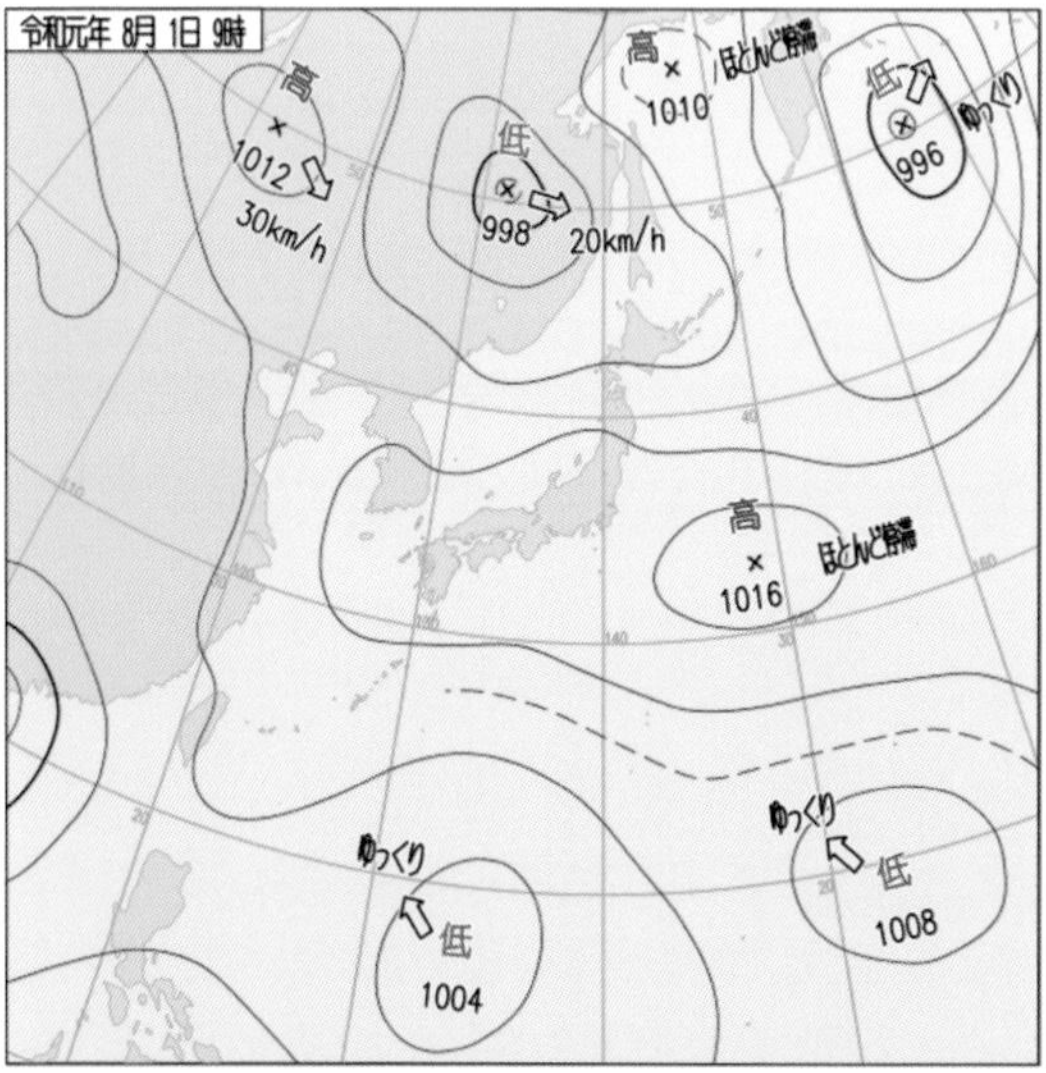

南高北低の気圧配置になると、南から暖かい空気が流れ込み、全国的に気温が上がりやすい。

●気象衛星画像で見られる「やませ」

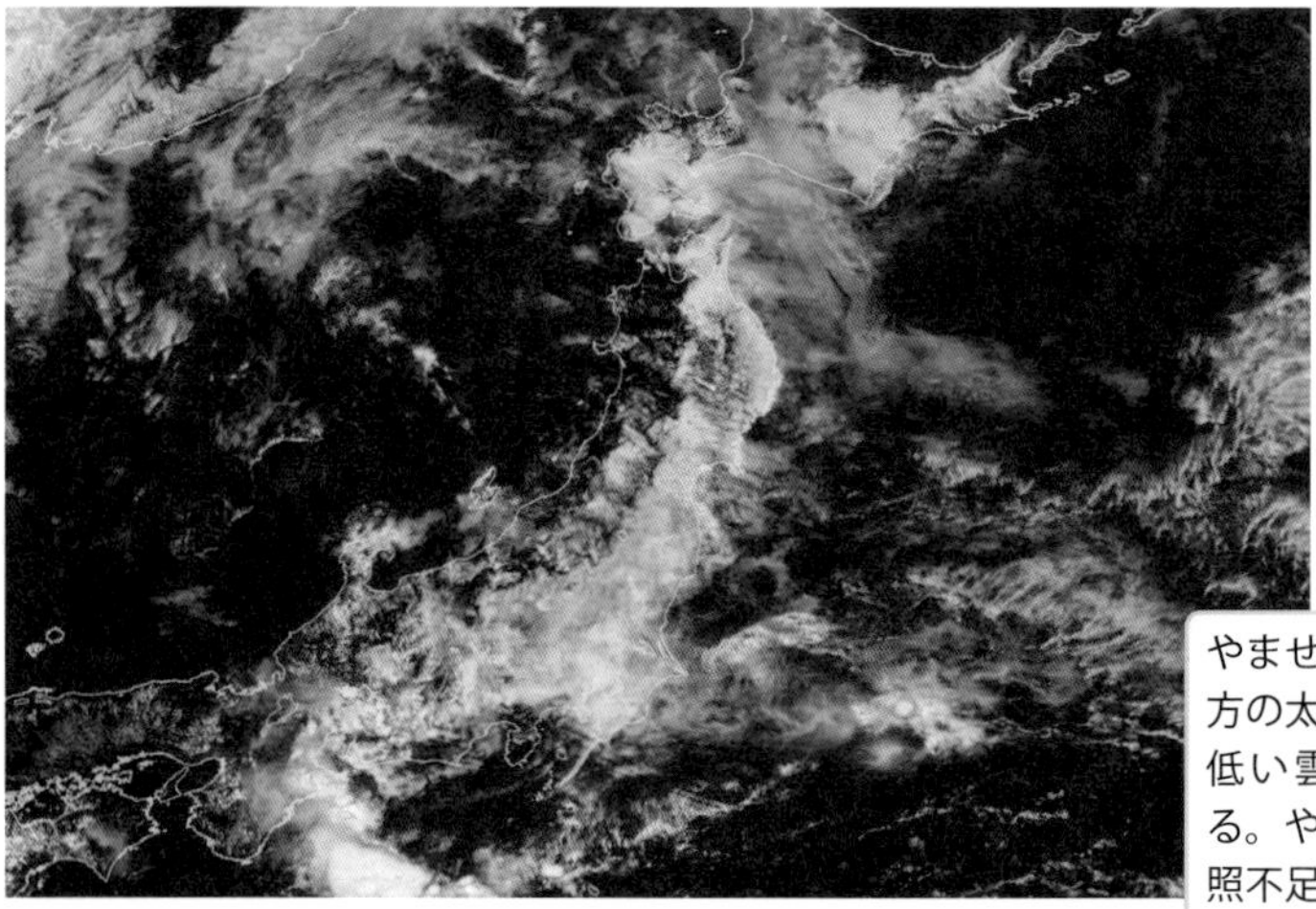

やませに伴って東北地方の太平洋側を中心に低い雲が広がっている。やませが続くと日照不足や低温をもたらすことがある。

夏は、うだるような暑さが続くイメージが強いですが、冷夏となる年もあります。日本の夏の天候を決めるのが**3つの高気圧**です。

厳しい暑さをもたらすのは**太平洋高気圧**（88ページ参照）と**チベット高気圧**です。太平洋高気圧はハワイ諸島付近に中心があり、亜熱帯の蒸し暑い空気を保持しています。この太平洋高気圧に南から覆われ、日本の北に低気圧がある**南高北低**の気圧配置になると、高気圧から低気圧に向かって南から暖かい空気が流れ込みやすくなり、気温が上昇するのです。

さらに、この太平洋高気圧の上には、チベット高原の上空15～16㎞付近に現れるチベット高気圧が日本付近に張り出し、記録的な猛暑になることがあります。**2つの高気圧の直下では下降気流が一層強まる**ことで、空気が圧縮されて温度が上がり、高温が観測されやすくなるのです。

一方、冷たい空気を運んでくるのが**オホーツク海高気圧**（88ページ参照）です。梅雨から初夏にかけてオホーツク海で高気圧が発生し、日本への張り出しを強めることがあります。このとき、北日本の太平洋側や関東地方を中心に、北東から冷たく湿った風が吹きつけ、曇天と低温が続きます。東北地方では、この東よりの風は「**やませ**」と呼ばれています。

夏は主役になる高気圧により、天気も気温も一変します。天気図上の高気圧の種類に注目してみましょう。

やませ
春から夏に北日本の太平洋側で吹く、冷たく湿った風。オホーツク海高気圧の時計回りの風が、冷涼な空気をもたらす。

南高北低
南にある太平洋高気圧が日本付近に張り出し、その北側を低気圧が通過する、夏に暑くなるときの典型的な気圧配置。

チベット高気圧
春から夏にかけて、アジアからアフリカの対流圏上層に現れる高気圧。100hPa（高度約15～16km）の天気図で明瞭になる。

フェーン現象

フェーン現象がもたらす高温

●フェーン現象(ウェットフェーン)のしくみ

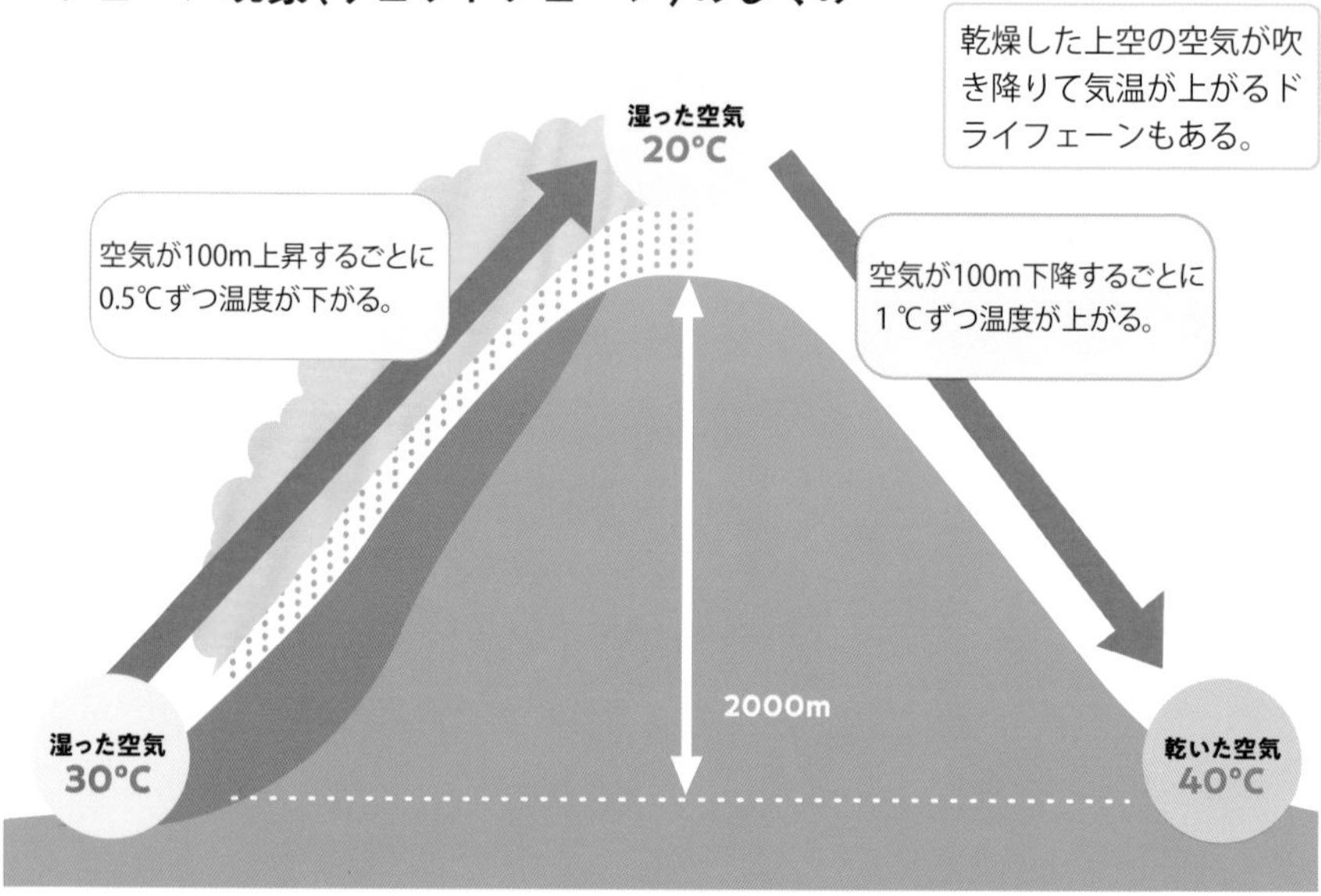
乾燥した上空の空気が吹き降りて気温が上がるドライフェーンもある。
湿った空気
20℃
空気が100m上昇するごとに0.5℃ずつ温度が下がる。
空気が100m下降するごとに1℃ずつ温度が上がる。
2000m
湿った空気
30℃
乾いた空気
40℃

●フェーン現象が発生した際の気温分布(2019年5月26日)

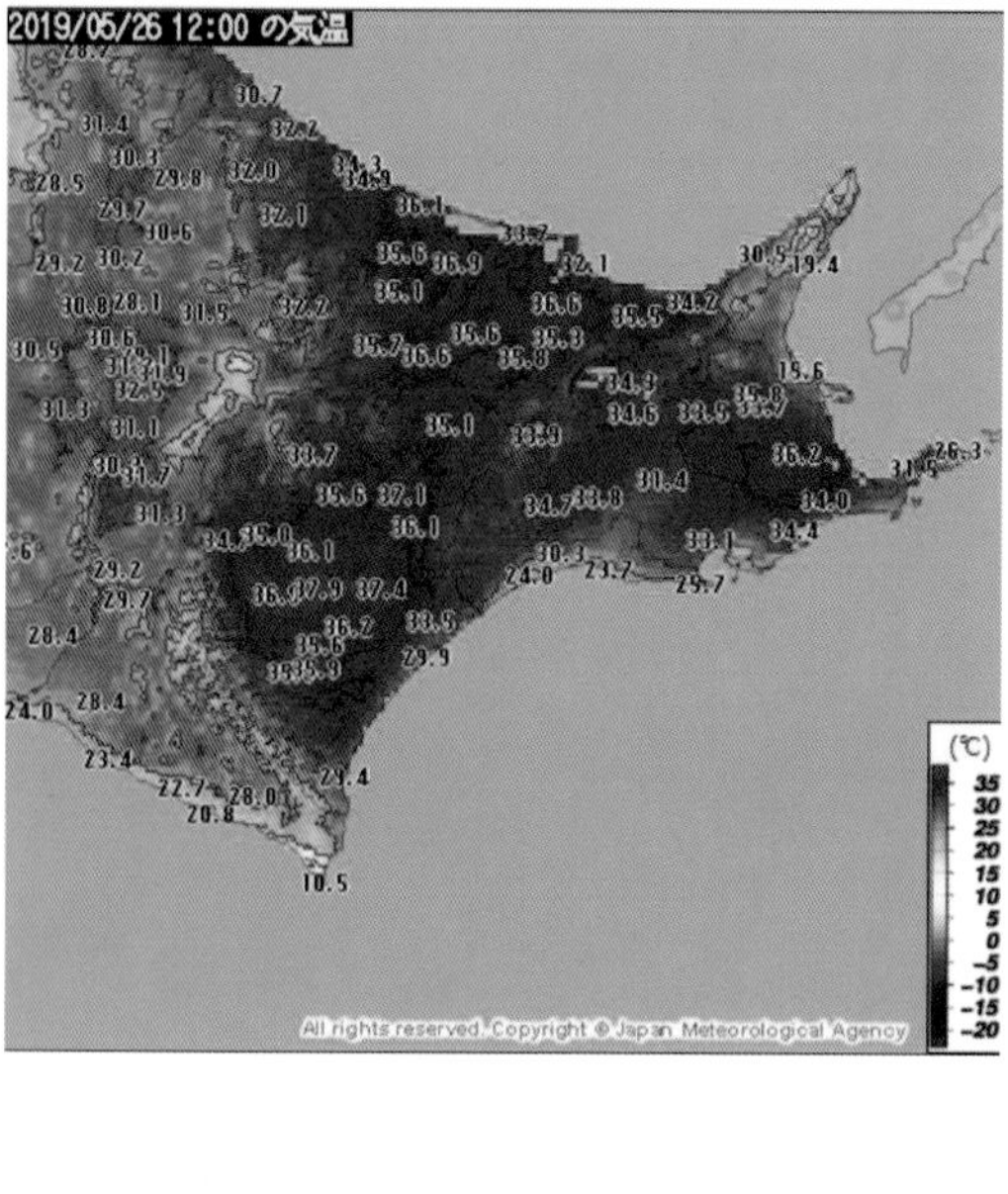
2019/05/26 12:00 の気温
(℃)
35
30
25
20
15
10
5
0
−5
−10
−15
−20
All rights reserved. Copyright © Japan Meteorological Agency

西風でフェーン現象が発生し、北海道東部では多くの地点で猛暑日に。佐呂間町では、最高気温39.5℃を観測した。

　暑さをもたらすのは高気圧だけではありません。山などの地形が関係する**フェーン現象**が加わると、記録的な高温となることがあります。

　フェーン現象とは、**空気が山を越えて斜面を吹き降りるとき（山越え気流）、風下側の麓《ふもと》で気温が上昇する**現象のことです。湿った空気が山に沿って上昇して雲ができる際、潜熱《せんねつ》（24ページ参照）が放出され、飽和した空気は100m上昇するごとに0・5℃ずつ温度が下がります。一方、風下側を吹き降りるときは、雲が消えて飽和から未飽和に転じます。このとき、100m下降するごとに1℃もの割合で温度が上昇するため、気温が高くなるのです。これはフェーン現象の中でも**ウェットフェーン**と呼ばれます。

　また雲や雨を伴わず、上空の風が山の風下側に吹き降りることで気温が高くなる現象は**ドライフェーン**といいます。フェーン現象が発生する風向きは地域や気圧配置によって変わるため、**近くの山側から吹く風が強まるときは要注意**です。乾燥した熱風は、夏の厳しい暑さをもたらすほか、火災が発生したときには延焼させる危険性もあります。

　地形が原因で吹く風には、ほかに地域特有の**局地風**があります。山形県の「清川《きよかわ》だし」や愛媛県の「やまじ風《かぜ》」、岡山県の「広戸風《ひろとかぜ》」などは昔から伝えられ、生活や農業に生かされてきました。また、**ボラ**と呼ばれる斜面を吹き降りる冷たい風もあります。お住まいの地域にも昔から伝わる局地風があるかもしれません。

山越え気流
山を越える気流や波動のこと。代表的なものに風下山岳波《かざしもさんがくは》（54ページ参照）やフェーン、おろし風《かぜ》がある。

局地風
局地的に吹く地域特有の風。山から吹き降ろす風を「おろし」、船を沖に向かって送り出すのに適した風を「だし」と呼ぶ。

ボラ
山の斜面を吹き降りる乾燥した冷たい風のこと。もともとはヨーロッパで吹く局地風のことを指した。

春一番／木枯らし１号

季節の変化を知らせる強い風

●「春一番」とは

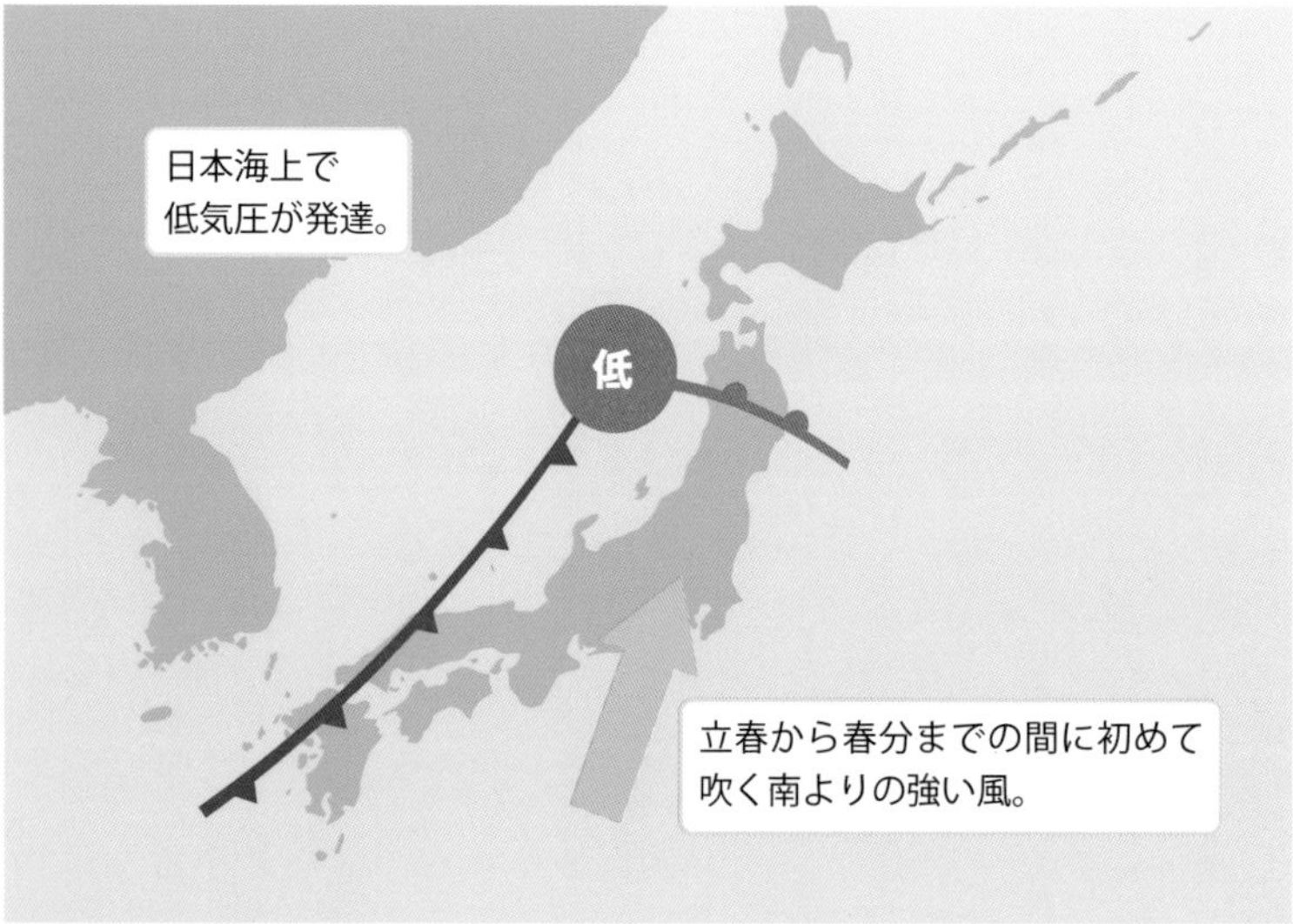
日本海上で
低気圧が発達。
低
立春から春分までの間に初めて
吹く南よりの強い風。

●「木枯らし１号」とは

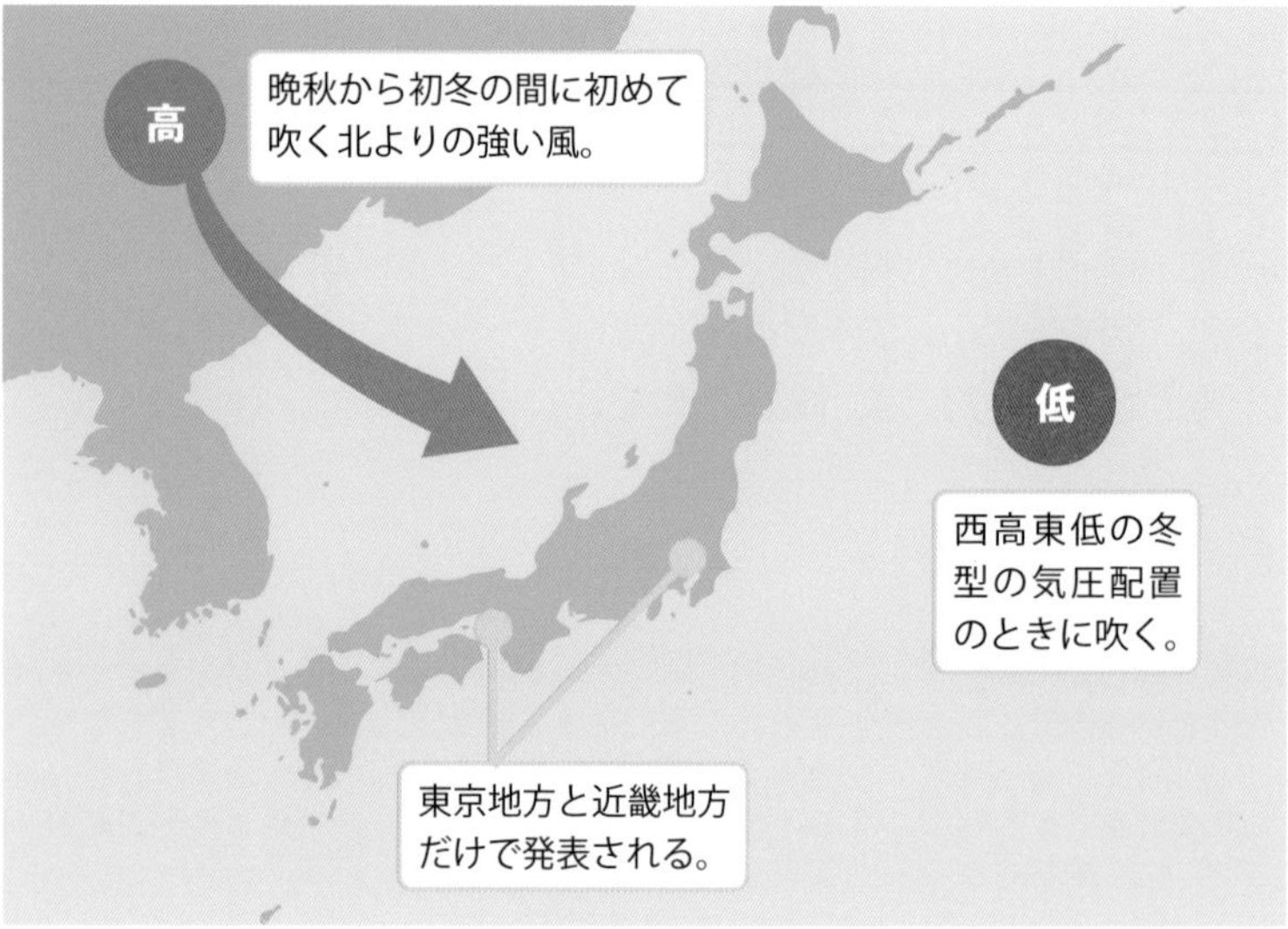
高
晩秋から初冬の間に初めて
吹く北よりの強い風。
低
西高東低の冬
型の気圧配置
のときに吹く。
東京地方と近畿地方
だけで発表される。

風は、私たちに季節の変化を教えてくれます。

春の訪れを告げるのが「**春一番**」です。春一番は、季節が**冬から春に移り変わるときに初めて吹く南よりの強い風**のことをいいます。立春から春分までの間に**日本海上で低気圧が発達**し、関東地方の場合、最大風速8m／s以上の南よりの風が吹き、前日より気温が高くなったときに気象庁から発表されます。名前は春の到来を告げる優しい印象がありますが、低気圧の発達により嵐をもたらすこともある危険な風です。

春一番が吹くと強風に乗って花粉が飛びやすくなるほか、低気圧に伴う寒冷前線の通過により一時的に**寒の戻り**があるため、体調管理にも注意をしてください。

また、冬の訪れを告げるのが「**木枯らし1号**」です。木枯らし1号は**晩秋から初冬の間に初めて吹く北よりの強い風**のことをいいます。冬の寒さをもたらす**シベリア高気圧**が発達すると、日本付近は西高東低の冬型の気圧配置となります。このとき、最大風速8m／s以上の北よりの風が吹くと、東京地方と近畿地方で木枯らし1号が発表されます。

この風に乗って日本海側には雪や雨がもたらされ、太平洋側には乾燥した風が流れ込んできます。木枯らし1号の発表があれば、火の取り扱いに気をつけながら、暖房器具の準備をする、雪への備えを確認するなど、本格的な冬支度を始めましょう。

シベリア高気圧

寒候期(秋から春頃)にシベリアやモンゴル方面に現れる高気圧。大陸上で放射冷却が効き、冷たく重い空気が地表面に溜まることで発達する。日本付近に北西の冷たく強い季節風をもたらす。

日本海低気圧

日本海を東〜北東に進む低気圧。1年を通じて発生するが、特に著しく発達するものは春先に多く、「メイ・ストーム」となる。広い範囲に大雨や強風をもたらす。

41

西高東低

冬型の気圧配置が生む正反対の天気

● 気象衛星画像で見た西高東低の気圧配置

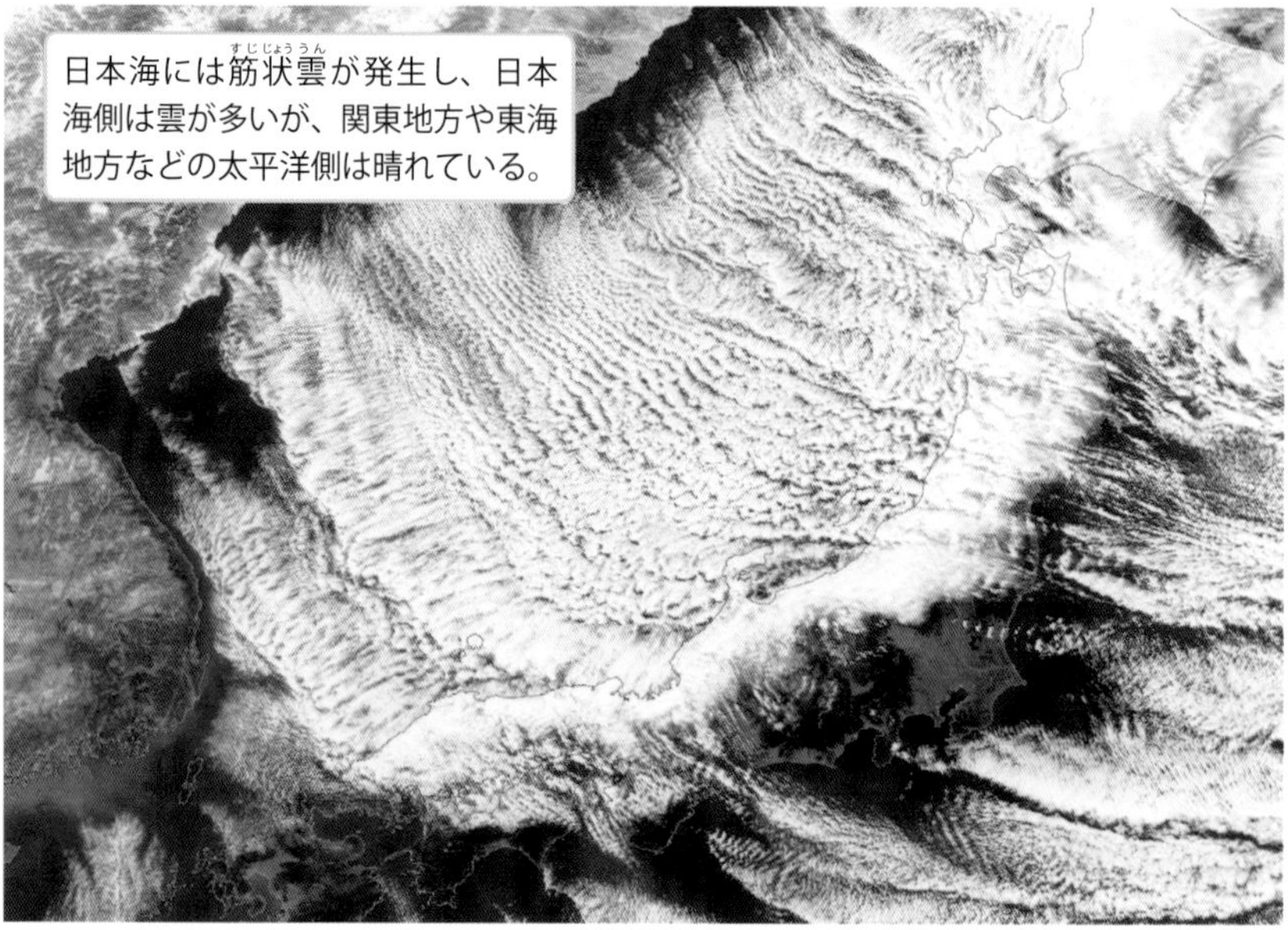
日本海には筋状雲《すじじょううん》が発生し、日本海側は雲が多いが、関東地方や東海地方などの太平洋側は晴れている。

● 日本海側と太平洋側で冬の天気が正反対になるしくみ

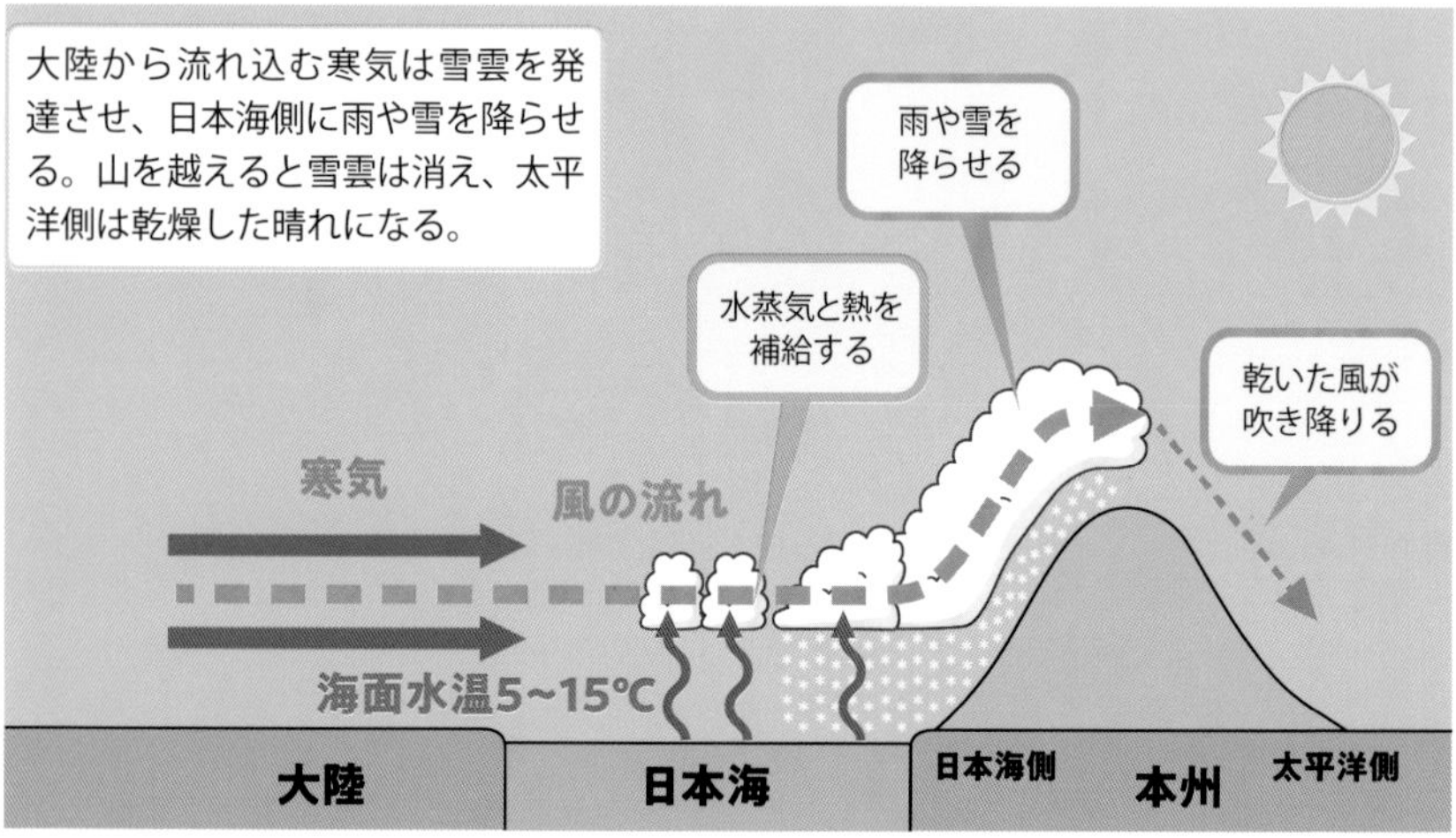
大陸から流れ込む寒気は雪雲を発達させ、日本海側に雨や雪を降らせる。山を越えると雪雲は消え、太平洋側は乾燥した晴れになる。
雨や雪を降らせる
水蒸気と熱を補給する
乾いた風が吹き降りる
寒気
風の流れ
海面水温5~15℃
大陸
日本海
日本海側
本州
太平洋側

冬の天気のイメージは、地域によって大きく変わります。というのも、冬は日本海側では雪や雨の日が続く一方、太平洋側では晴れて空気が乾燥するのです。

正反対の天気を生み出す原因は、**西高東低**の気圧配置と、高い山が中央に連なる日本の地形にあります。西高東低とは、**日本列島の西に高気圧、東に低気圧が位置する**、いわゆる冬型の気圧配置で、日本付近には北西の季節風が吹きつけます。西の高気圧は放射冷却により、マイナス40℃以下にもなる冷たい空気を蓄積したシベリア高気圧（95ページ参照）です。シベリア高気圧から吹き出す冷たい風は、冬でも海面水温が10℃以上ある、相対的に温かい日本海上で水蒸気と熱の補給を受け、**気団変質**をします。マイナス40℃以下の寒気にとって、日本海は露天風呂のような役割を果たし、多くの雲が生まれ、平行に並ぶ**筋状雲**ができるのです。

この筋状雲は日本海側に雨や雪を降らせたあと、山を越えて吹き降りるときに、水分を失った「**空《から》っ風《かぜ》**」になります。このため、太平洋側では冷たく乾いた風が吹き、乾燥した晴れの天気になるのです。

さらに、東西の気圧差が大きいと、天気図上では等圧線の間隔が狭くなり、季節風が強まります。このような場合、山の谷間や海峡を通った雪雲が日本海側から太平洋側に流れ込み、東海地方や四国地方で大雪になる場合もあります。「強い冬型の気圧配置」と聞いたら、気象情報を確認しましょう。

空っ風
山を越えて吹き降り、乾燥した空気をもたらす冷たく強い風。主に冬の関東地方や東海地方で吹きやすい。

筋状雲
主に冬の日本海上空に発生する筋状に見える雲のこと。日本海側の地域に雨や雪を降らせる。積雲《せきうん》や積乱雲《せきらんうん》で構成される。

気団変質
ある気団が陸地や海面と熱や水蒸気をやり取りすることで、空気の性質が次第に変化していくこと。

エルニーニョ／ラニーニャ

日本の天気にも影響する海洋の変化

●エルニーニョ現象のしくみと日本の天候への影響

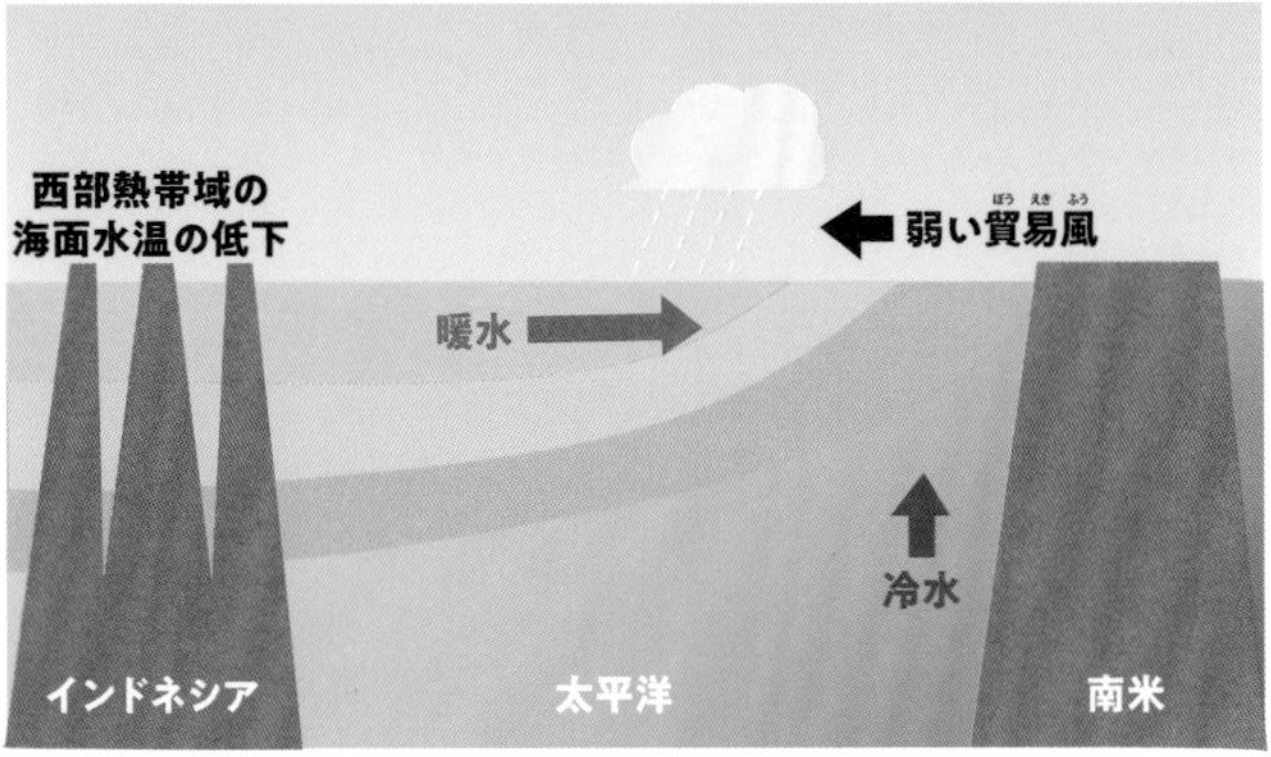

夏季の天候への影響

太平洋高気圧の張り出しが弱い → 冷夏

冬季の天候への影響

冬型の気圧配置が弱まる → 暖冬

●ラニーニャ現象のしくみと日本の天候への影響

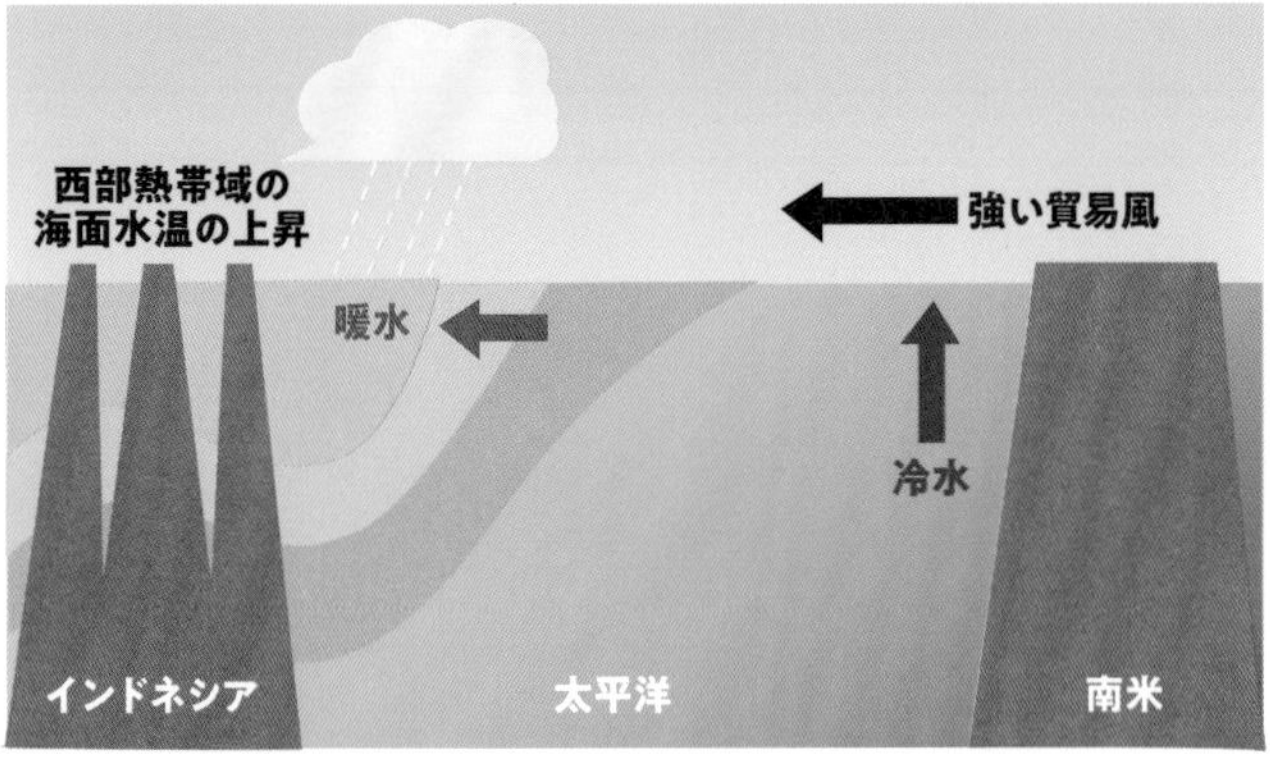

夏季の天候への影響

太平洋高気圧の張り出しが強い → 暑夏

冬季の天候への影響

冬型の気圧配置が強まる → 寒冬

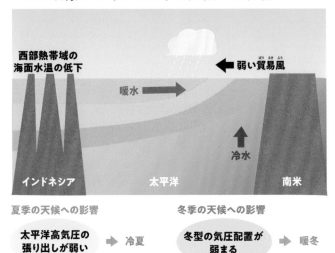

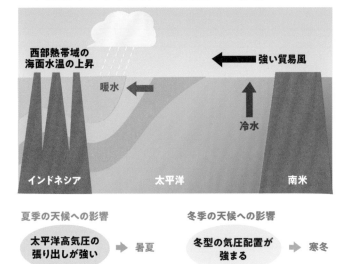

ニュースなどで**エルニーニョ現象**と**ラニーニャ現象**という言葉を聞いたことがあるかと思います。それぞれ日本から遠く離れた場所で起こる現象ですが、日本の天候にも影響を与えています。

まずエルニーニョ現象とは、**ペルー沖の海面水温が平年より高い状態が1年程度続く**現象です。何らかの影響で**貿易風**が弱まると、太平洋赤道域の西部に溜まっていた温かい海水が通常より東に広がります。これに伴い、積乱雲が盛んに発生する海域も東へ移ります。逆にラニーニャ現象は、貿易風が強まることで、太平洋東部の海域で深層の冷たい海水が通常より湧き上がりやすくなり、**ペルー沖の海面水温が平年より低くなる**現象です。

エルニーニョ現象が起こると、フィリピン周辺では海面水温が下がることで、上昇気流が弱まり、台風の発生数が減る傾向があります。また、フィリピン付近の上昇気流が弱いと、太平洋高気圧（88ページ参照）の発達が抑えられるため、日本の夏は**冷夏**に、冬は西高東低の気圧配置が弱まって**暖冬**になりやすいのです。一方、ラニーニャ現象の発生時は、夏の暑さも冬の寒さも厳しくなる傾向があります。

このように、大気の一部の変化が遠く離れた場所にも影響することを**テレコネクション**といいます。ペルー沖の海洋の変化は、私たちの生活している日本の天気にも関わっているのです。

テレコネクション

ある場所で起こった大気の変化が、遠く離れた場所に伝達される現象。エルニーニョ現象やラニーニャ現象、北極・南極振動のほか、PJパターン、PNAパターンなどがある。

貿易風

赤道付近で定常的に吹く対流圏下層の東よりの風。太平洋赤道域の海面水温の分布に影響し、平年より弱まるときはエルニーニョ現象が発生する。反対に、強まるときはラニーニャ現象が発生する。

COLUMN

生物季節観測

サクラの開花の便りを聞くと、今年も春がやってきたことを実感します。天気や気温の変化だけではなく、身の回りの植物の生長や動物の鳴き声なども季節の歩みを知らせてくれているのです。

気象庁では1953年から生物季節観測を行ってきました。生物季節観測は、季節の進み具合や気候の変化などを把握するために用いられ、サクラやウメ、アジサイなどの植物の開花に加え、ウグイスやミンミンゼミの初鳴きなどの動物の生息状況も観測します。全国で統一した観測が続けられてきましたが、2021年に大幅に縮小されることになりました。近年は都市化により観測する環境が変化し、観測対象の確保や発見が困難になったためとされています。

ただし、気候変動の状況を的確に把握するためには、広い範囲での継続的な観測が必要との考えから、気象庁と環境省、国立環境研究所が連携し、「いきものログ」を用いた観測が始まりました。注目すべきは、市民参加型の調査が取り入れられたことです。誰でもインターネットで情報を投稿でき、ほかのユーザーとも共有できます。

このように、市民が参加する科学的な問題解決の手法は「シチズンサイエンス」と呼ばれます。生物季節観測で蓄積されたデータは、生態系の変化を知るために役立てられますが、将来どんな生物がどこで生息できるのかを予測できれば、そこを保護区として守ることも可能です。シチズンサイエンスの取り組みは様々な分野で行われているので、興味のある研究や調査に参加してみるとよいでしょう。

第5章

異常気象と災害に備える

台風

台風はなぜ日本にやってくるの？

● 月別の台風の主な進路

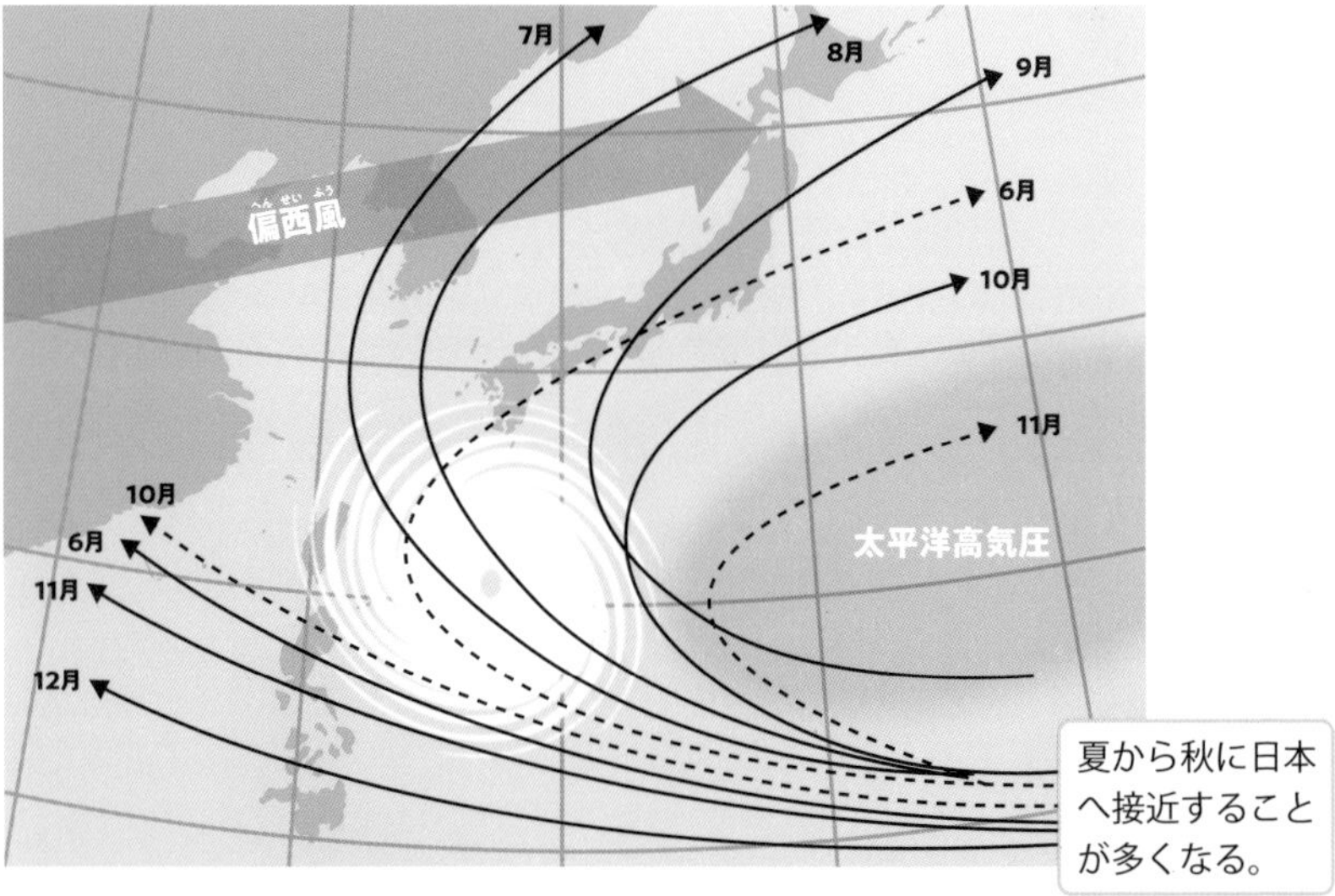

● 渦を巻く台風の雲

そもそも**台風**とは、赤道付近の熱帯の海上で発生する**熱帯低気圧**のうち、**最大風速が17・2m／s以上**になったものです。熱帯の温かい海では、季節を問わず台風が発生していますが、なぜ夏から秋にかけて日本に襲来することが多いのでしょうか。

その理由は、日本付近の上空の風の流れが季節によって変わるためです。台風は、春先には赤道付近の低緯度で発生し、フィリピン方面へ西進しますが、夏になると台風の発生する緯度が高くなり、日本の南東に居座る**太平洋高気圧**（88ページ参照）の縁に沿って日本付近まで北上するようになります。そして、秋には中緯度で西から東へ向かって吹く**偏西風**（84ページ参照）が強まるため、太平洋高気圧の縁に沿って移動してきた台風は、偏西風に乗って進路を東よりへと変え、日本付近を通るようになるのです。このため、夏から秋を中心に日本に接近・上陸する台風が多くなります。

気象庁では毎年１月１日以降、最も早く発生した台風を第１号とし、以後台風の発生した順に番号を付けていきます。それとは別に、顕著な災害を起こした台風には、１９５９年の**伊勢湾《いせわん》台風**や２０１９年の**令和元年房総半島《ぼうそうはんとう》台風**などのように、後世に経験や教訓を伝えるため気象庁が名称を定めます。

ご自身の住んでいる地域に大きな被害をもたらした台風があるか調べてみると、備えを進める上での参考になりそうです。

熱帯低気圧

熱帯や亜熱帯の海で発生する。温かい海からの多量の水蒸気がエネルギー源。北上して寒気が入ると温帯低気圧となる。

伊勢湾台風

1959年9月26日、和歌山県潮岬付近に上陸。伊勢湾岸の高潮で大災害をもたらし、災害対策基本法制定の契機となった。

令和元年房総半島台風

2019年9月9日、千葉県を中心に暴風や大雨をもたらした。千葉市で観測史上第1位の最大瞬間風速57.5m/sを観測。

台風の構造

暴風・大雨をもたらす台風のしくみ

● 発達した台風の構造

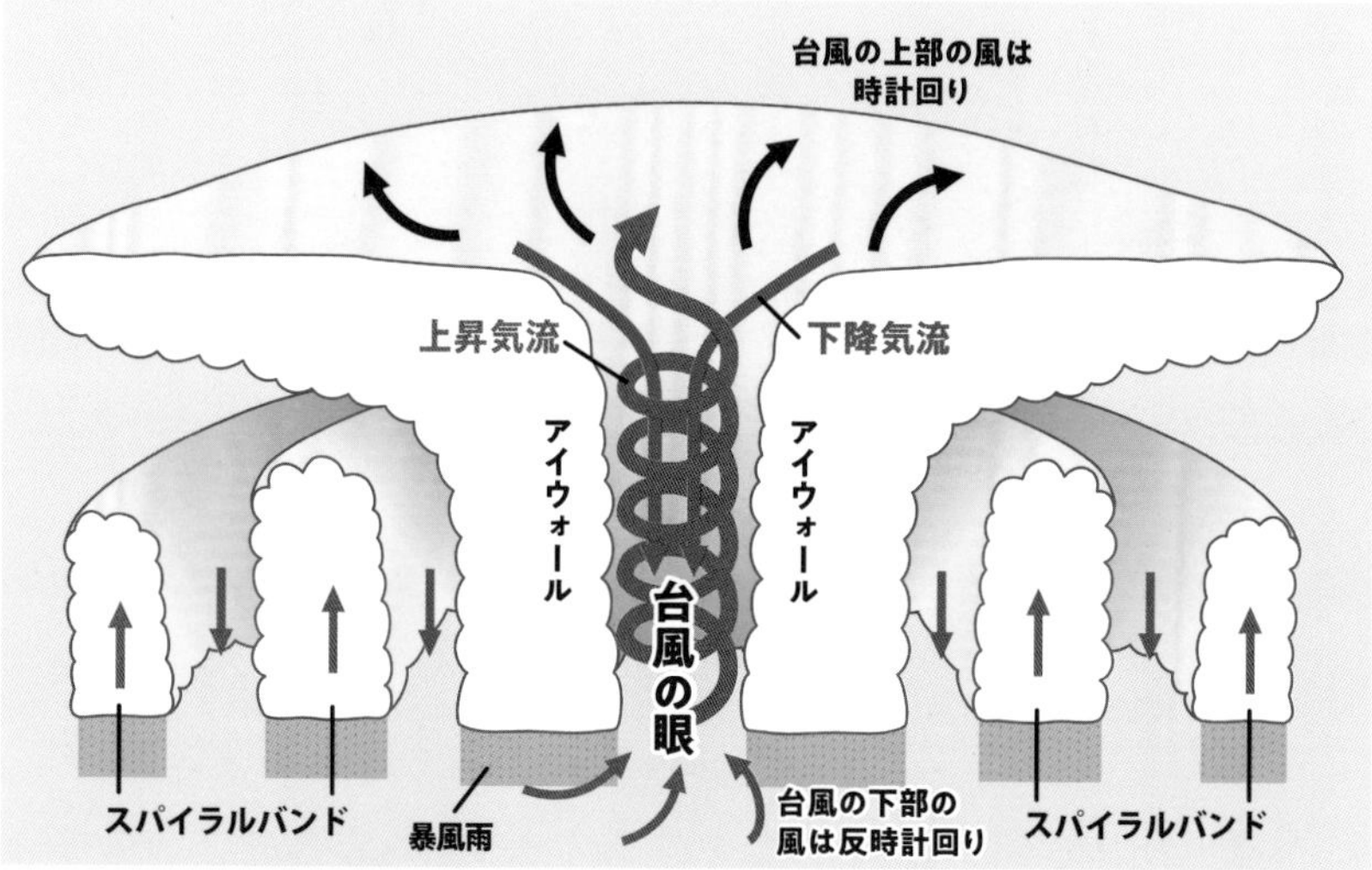

● 台風の気象衛星画像

台風の接近時、特に風上側の山地斜面で降水量が増え、大雨になりやすい。

多くの積乱雲《せきらんうん》が集まり、渦が強まることで発生する台風は、**温かい海からの水蒸気**と、**積乱雲内での水蒸気の凝結に伴う潜熱《せんねつ》**（24ページ参照）をエネルギーとして発達します。その台風の構造に注目してみましょう。

台風の中心付近には、下降気流で雲がほとんどない**台風の眼**ができることがあります。一方で台風の眼の周囲は、反時計回りに風が吹き込んで螺旋《らせん》状に上昇し、発達した積乱雲が壁のように高く連なります。これは**アイウォール**と呼ばれ、この雲の下では激しい暴風雨となっています。さらに、アイウォールの外側にできる雲の列は**スパイラルバンド**といい、台風の中心から離れた場所にも大雨や竜巻をもたらすことがあります。

また、発達した台風は平均風速25m／s以上の**暴風域**を伴い、中心付近の最大瞬間風速が70m／sに達することもあります。これは、走っているトラックが横転したり、一部の住宅が倒壊したりするほどの**猛烈な風**で、命に関わる危険な風です。台風の眼に入ると風は比較的弱まりますが、眼を抜けたあとすぐに吹き返しの暴風が吹くため、油断できません。

台風は暴風、大雨、高波、高潮、竜巻などの原因となることがあり、台風が接近または上陸すると、いくつもの災害が同時に起こることがあります。命を守るために、最新の台風情報を活用し、早めに対策をとりましょう。

猛烈な風

平均風速が約30m/s以上、または最大瞬間風速が50m/s以上の風。屋外での行動は極めて危険になる。

暴風域

台風の周辺で、平均風速25m/s以上の風が吹いている領域。平均風速15m/s以上の領域は「強風域」と呼ばれる。

台風の眼

台風の中心付近の風が比較的弱く、雲が少ない部分。発達している台風には、台風の眼が見られることがある。

予報円

台風の予報円の読み方

● 予報円の読み方

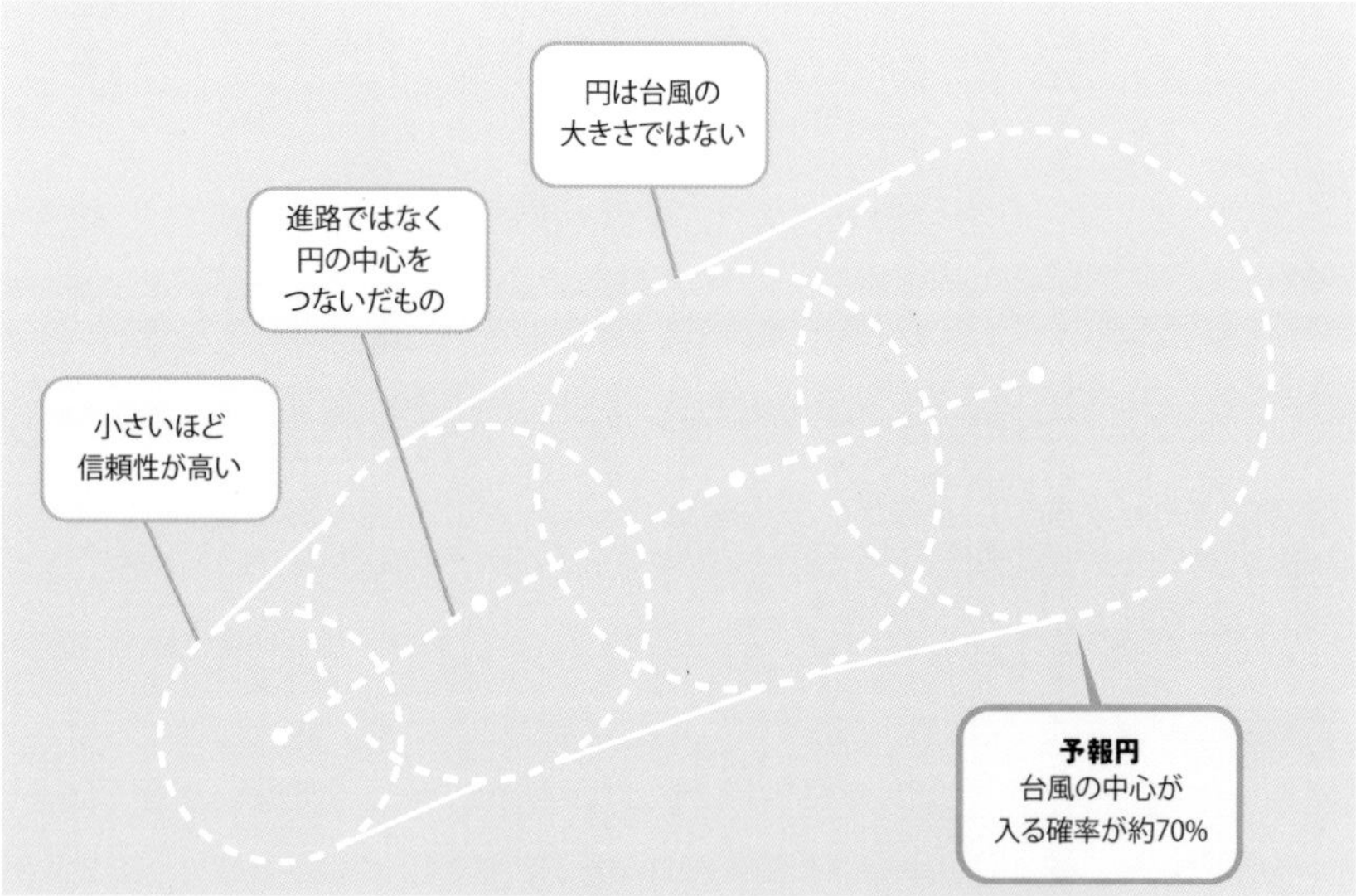

● 気象庁ウェブサイト「台風情報」の台風経路図の例

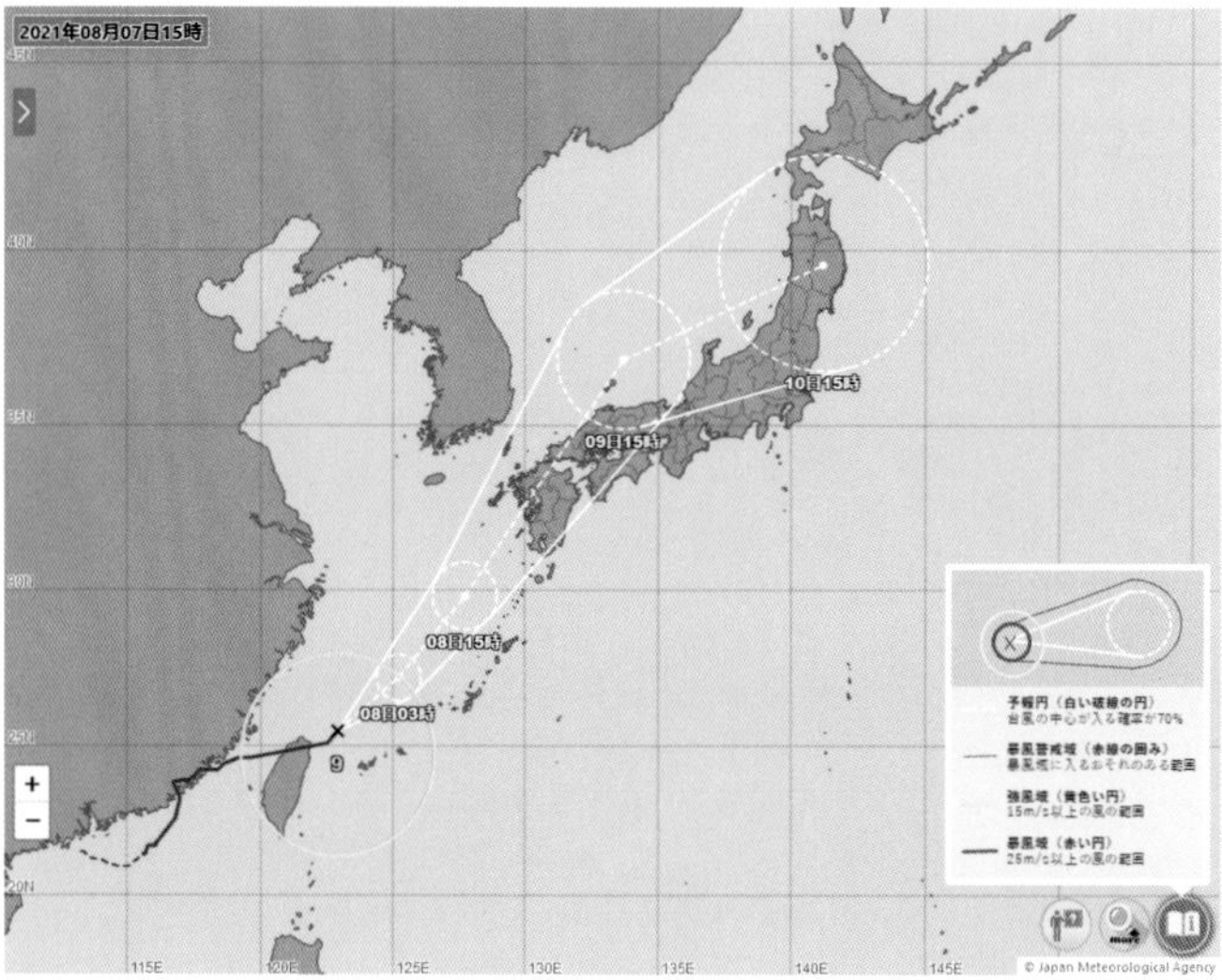

台風、もしくは台風に発達する見込みの熱帯低気圧が発生したときには、気象庁は「台風情報」を発表します。台風情報の**予報円**は、**予報された時刻に台風の中心が入る確率が約70％の円**です。円の大きさは、台風の大きさではありません。円が大きいときは、台風の中心が進む場所や速度がまだ定まっておらず、予報に幅があることを表しているのです。

自分の住んでいる地域が台風から遠く離れているように見えても、油断は禁物です。海上では、台風接近の数日前から台風の**うねり**が伝わり、**高波**になるおそれがあります。また、台風周辺の暖かく湿った空気が、周囲で吹く風によって運ばれ、日本付近に停滞している前線に吹き込む場合には、**台風接近前から大雨**になることもあるのです。

いよいよ台風が近づいてくると、**暴風**や**高潮**の危険度も高まります。台風の進行方向の右側では、台風自身の風と台風の移動速度が加わるため、より風が強まり、暴風が吹きやすいです。そして、この暴風による**吹き寄せ効果**と、気圧が下がることで起こる**吸い上げ効果**で高潮も発生しやすくなります。

台風が発生したときには台風情報をこまめに確認することはもちろん、住んでいる地域に対して台風がどの進路を通るのかにも気を配りましょう。

吸い上げ効果

低気圧が接近して気圧が低くなることで海面が吸い上げられる現象。気圧が1hPa低くなると海面は約1cm上昇する。

吹き寄せ効果

台風に伴う風が沖から海岸へ吹くことで、海水が海岸に吹き寄せられて起こる海面上昇。湾の奥ほど海面が高くなる。

うねり

台風などの影響でできた波が伝わってきたもの。形は規則的で丸みを帯びる。台風が過ぎ去ったあとも波の影響は残る。

スーパーセル

竜巻や降雹《こうひょう》をもたらす巨大な積乱雲

●スーパーセルの構造

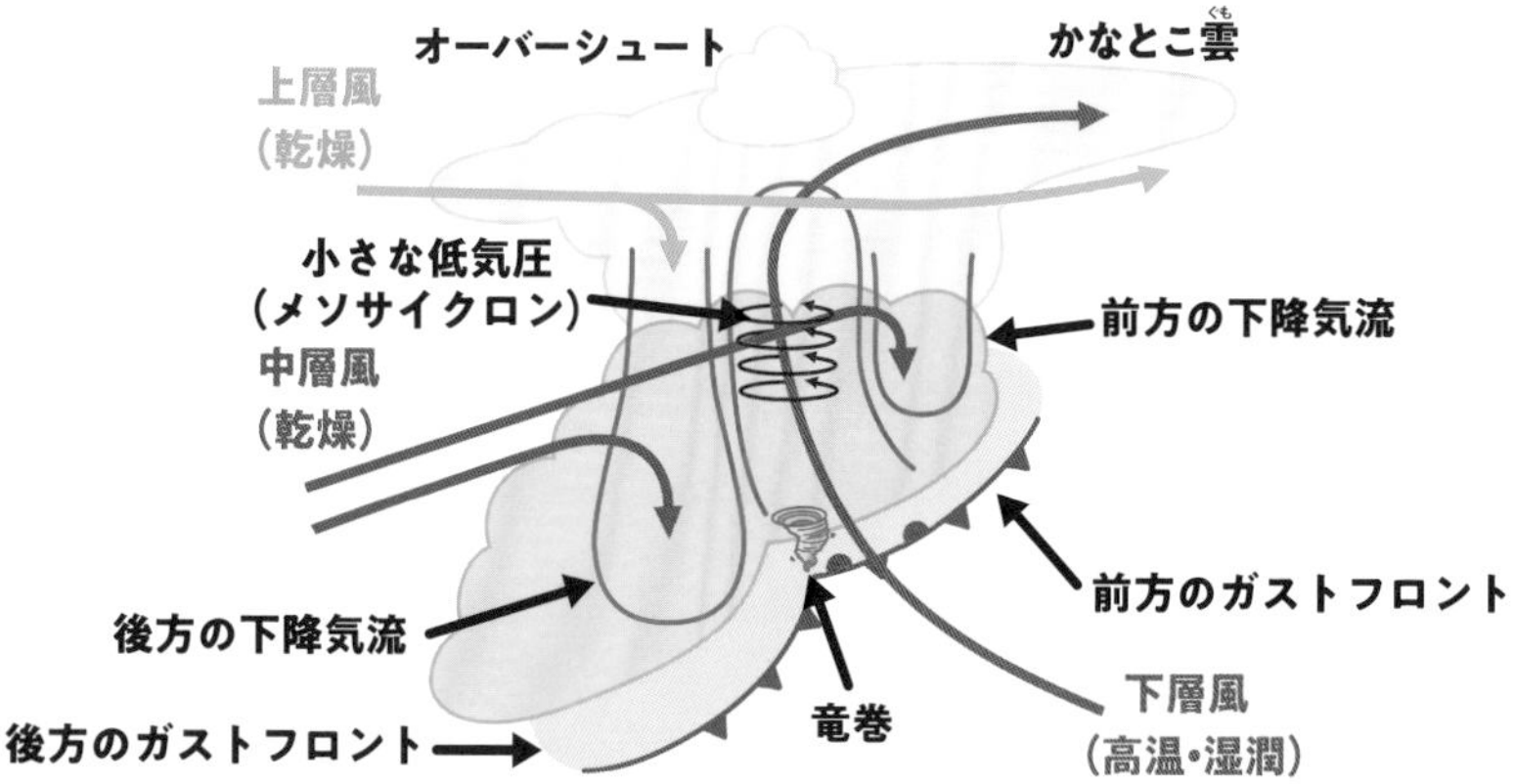

●スーパーセルは竜巻をもたらしやすい

竜巻とは、積乱雲に伴う強い上昇気流で発生する激しい渦巻きです。多くの場合、漏斗《ろうと》状の雲を伴います。中でも家屋や自動車を吹き飛ばすほどの強い竜巻をもたらすのは、**スーパーセル**と呼ばれる巨大な積乱雲です。

積乱雲は通常、上昇気流に伴って発生・発達しますが、雲の中で霰《あられ》や雨粒が成長すると、その落下によって生じる下降気流が上昇気流を相殺して弱まります。そのため、一つの積乱雲の寿命は30分〜1時間ほど(50ページ参照)です。一方、スーパーセルは**数時間にわたり発達**することもあります。長寿命化する理由は、スーパーセルの中では下層、中層、上層の風向きがそれぞれ異なるため、上昇気流と下降気流が別々の場所に存在し、上昇気流が下降気流に打ち消されることなく長く維持されるためです。このスーパーセルの中にある低気圧(メソサイクロン)の下で竜巻が発生するほか、激しい上昇気流によって氷の粒が大きく成長し、**雹**《ひょう》が降ることもあります。

竜巻の発生するおそれがあるときは、**雷注意報**が発表され、落雷とともに竜巻などの激しい突風にも注意が呼びかけられます。そして、今まさに竜巻が発生しやすい状況になった場合には、**竜巻注意情報**も発表されます。空が急に暗くなる、雷鳴が聞こえるなど、発達した積乱雲の近づく兆しがある場合は、すぐに頑丈な建物に避難しましょう。万が一、雲の底に漏斗状の雲が見られたら、いつ竜巻が発生してもおかしくありません。頑丈な建物内で窓やカーテンを閉め、身の安全を確保しましょう。

竜巻注意情報

竜巻などの激しい突風に対して注意を呼びかける情報。有効期間は発表から約1時間で、必要に応じて随時発表される。

雹

積乱雲から降る直径5mm以上の氷の塊。5mm未満のものは霰に分類される。積乱雲が発達しやすい春〜秋に多く発生する。

竜巻

積雲《せきうん》や積乱雲の底から漏斗状の雲が垂れ下がり地上に達した、激しく回転する渦巻き。7〜11月にかけて多く発生する。

線状降水帯

集中豪雨につながる連なった積乱雲

●線状降水帯の形成過程の一つ「バックビルディング」

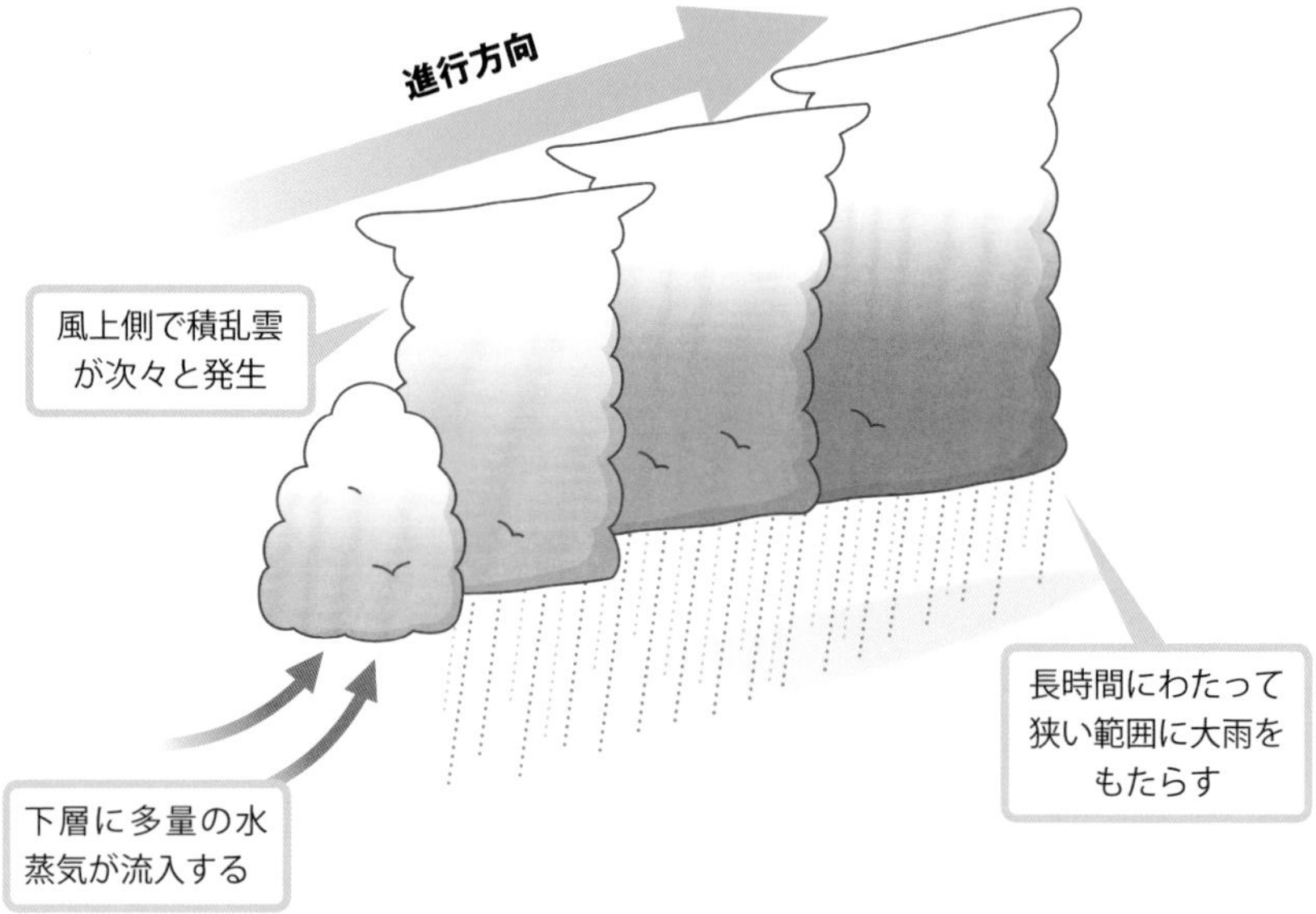

●「顕著な大雨に関する気象情報」が発表された線状降水帯の例

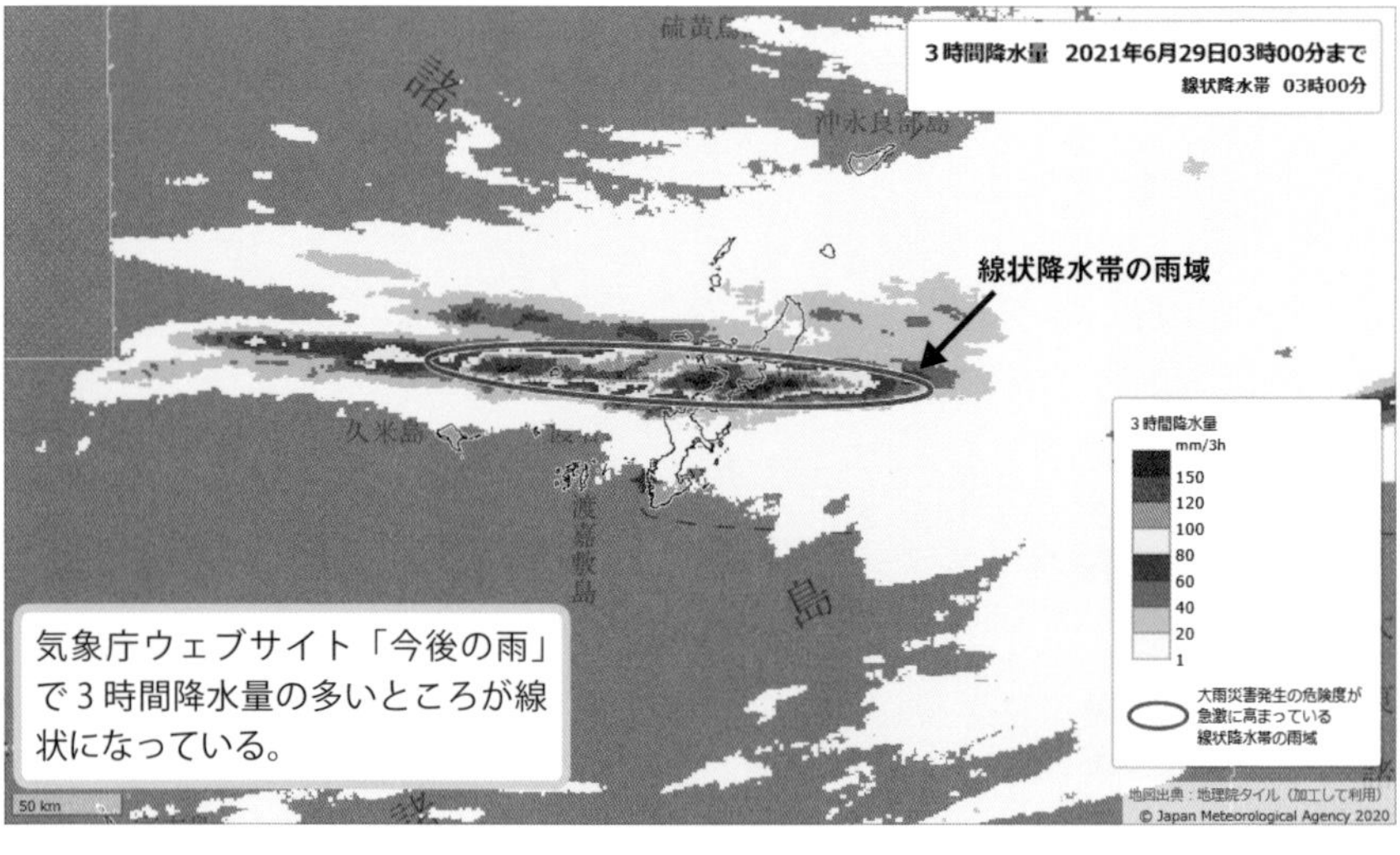

近年、大雨による災害が発生した際、**線状降水帯**という言葉がニュースなどでよく使われるようになりました。

線状降水帯は、**発達した積乱雲が列をなす**ことでつくり出される、長さ50〜３００㎞程度、幅20〜50㎞程度の線状の雨域のことです。一つの積乱雲がもたらす雨量は数十㎜ですが、積乱雲が風上側で次々と発生して連なると、強い雨が同じような場所で数時間にわたって降り続き、雨量が１００〜数百㎜にもなる**集中豪雨**をもたらします。こうした現象は、積乱雲の進行方向の後ろ側に新しい積乱雲が次々とできることから、積乱雲の**バックビルディング**と呼ばれ、線状降水帯が発生する形態の一つです。線状降水帯は、大きな災害につながる現象ではあるものの、**正確な予測が難しい**のが現状で、うまく予測するための研究が進められています。

線状降水帯の影響により、非常に激しい雨が同じような場所で降り続いているときには、**顕著な大雨に関する気象情報**が発表されます。災害発生の危険度が急激に高まっているため、自治体から発表される避難情報に注意するほか、崖や川の近くなど、災害発生の危険がある場所から離れ、早めに安全な場所へ避難するようにしてください。こうした極端な現象に対しては、あらかじめ緊急避難場所を確認したり、非常用品をそろえたりしておくなど、いざというときにすぐに避難行動に移せるよう、日頃から備えておくことが大切です。

顕著な大雨に関する気象情報

線状降水帯の影響で非常に激しい雨が同じ場所で降り続き、災害発生の危険度が高まっていることを「線状降水帯」というキーワードを使って知らせる情報。2021年６月から運用が開始された。

バックビルディング

積乱雲が動く方向の後ろで、新たな積乱雲が次々に発生すること。線状降水帯を形成するメカニズムの一つで、「平成30年７月豪雨」や「令和２年７月豪雨」の線状降水帯でも確認された。

暑さ指数／熱中症警戒アラート

熱中症に備えるための情報

●暑さ指数と危険レベル、それに応じた注意すべきこと

暑さ指数	レベル	注意すべきこと	気温（参考）
31 以上	危険	運動は原則中止。 外出はなるべく避けて涼しい室内へ。	35℃以上
28~31	厳重警戒	激しい運動は中止。 炎天下を避け、室温上昇に注意。	31~35℃
25~28	警戒	運動や激しい作業時には積極的に休憩を。	28~31℃
21~25	注意	積極的に水分・塩分を補給。	24~28℃
21 未満	ほぼ安全	適宜水分・塩分を補給。	24℃未満

暑さ指数の予測が 33 以上になると熱中症警戒アラートが、都道府県内すべての観測地点で 35 以上になると熱中症特別警戒アラート（2024 年 4 月から運用開始）が発表される

●暑さ指数の情報例

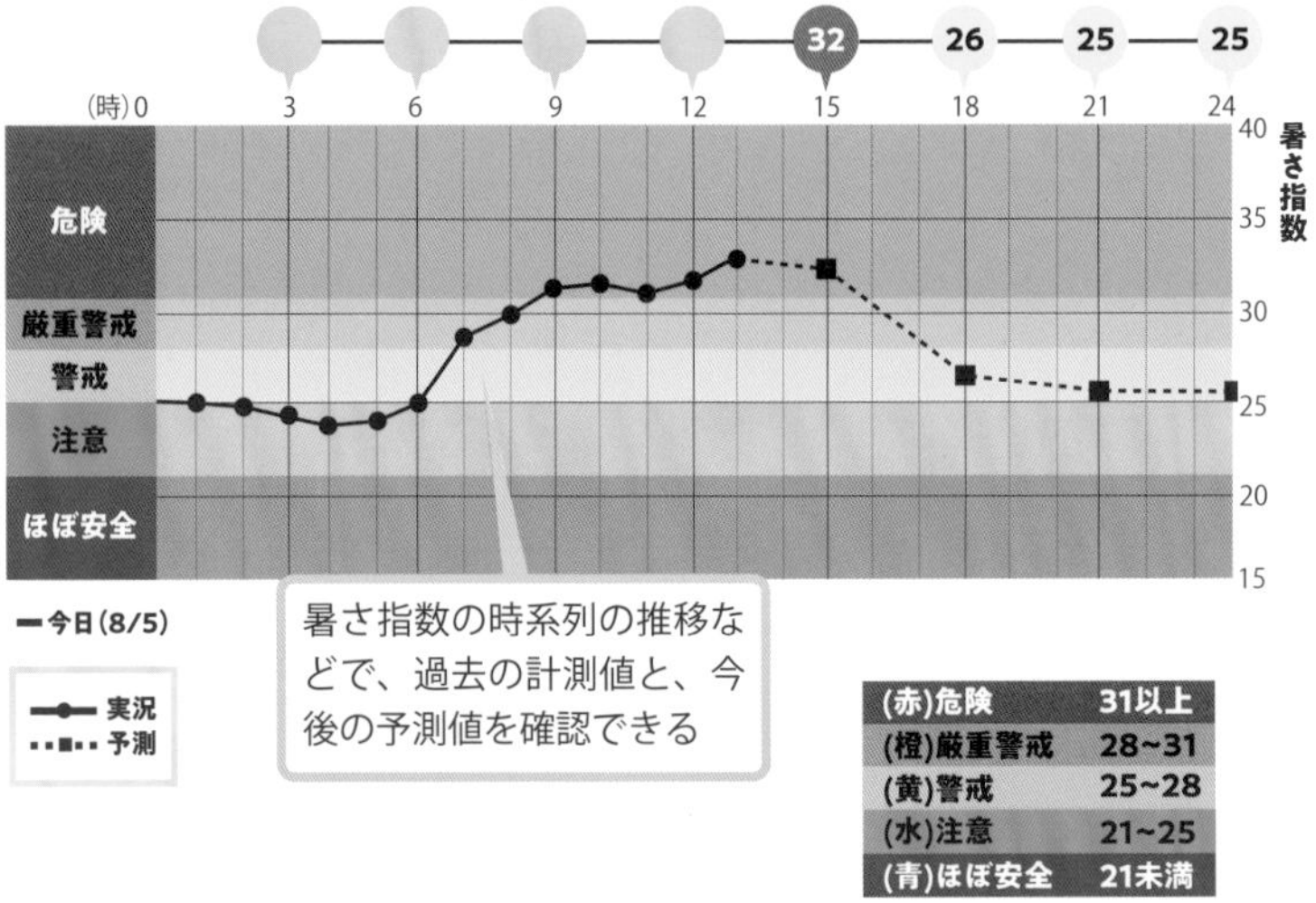

暑さ指数の時系列の推移などで、過去の計測値と、今後の予測値を確認できる

出典：環境省熱中症予防情報サイトより

熱中症は気象災害の一つとも捉えられ、風水害と同様に備えが必要です。熱中症が原因で命を落とす人の数は、大雨や台風の犠牲になる人の数を上回る年があり、近年では２０１８年に１５００人以上が亡くなりました。

熱中症への警戒を強く呼びかけるのが**熱中症警戒アラート**です。この情報は、気温や湿度などをもとに算出された**暑さ指数**により、熱中症の危険度が極めて高くなると予想される日の前日の夕方や当日の早朝に発表されます。同じ気温でも、湿度が高いと汗が蒸発しにくく、身体に熱がこもりやすくなるため、暑さ指数には湿度も考慮されています。

熱中症警戒アラートが発表されたら、外出を避けるなど、予定の変更を検討するようにしてください。また昼夜を問わず、エアコンなどを使用して温度調節をする、外での運動は原則中止・延期するなどの対策も必要です。環境省の「熱中症予防情報サイト」で、時間や場所ごとの暑さ指数の予測を確認できます。

冷房の利用やこまめな水分補給など、適切な対策をしないと誰でも熱中症になります。特に体温調節が苦手な高齢者や小さな子どもは、熱中症を発症しやすいです。離れて暮らす高齢の家族には、夜間も含めて冷房の利用を呼びかけましょう。また、**小さな子どもの「眠い」「疲れた」は熱中症のサイン**の場合があるので気をつけてください。暑さ指数を活用し、猛暑から命を守りましょう。

暑さ指数

WBGT（Wet Bulb Globe Temperature）ともいう。熱中症予防を目的に1954年にアメリカで提案された。人体と外気の熱のやり取り（熱収支）に着目し、気温、湿度、日射・輻射《ふくしゃ》、風から算出する。

熱中症警戒アラート

熱中症の危険性が極めて高くなると予測されたときに、適切な予防行動をとってもらうよう呼びかける情報。暑さ指数の値が33以上と予測された場合に発表される。

JPCZ

集中豪雪をもたらすJPCZ

●気象衛星画像で見たJPCZ

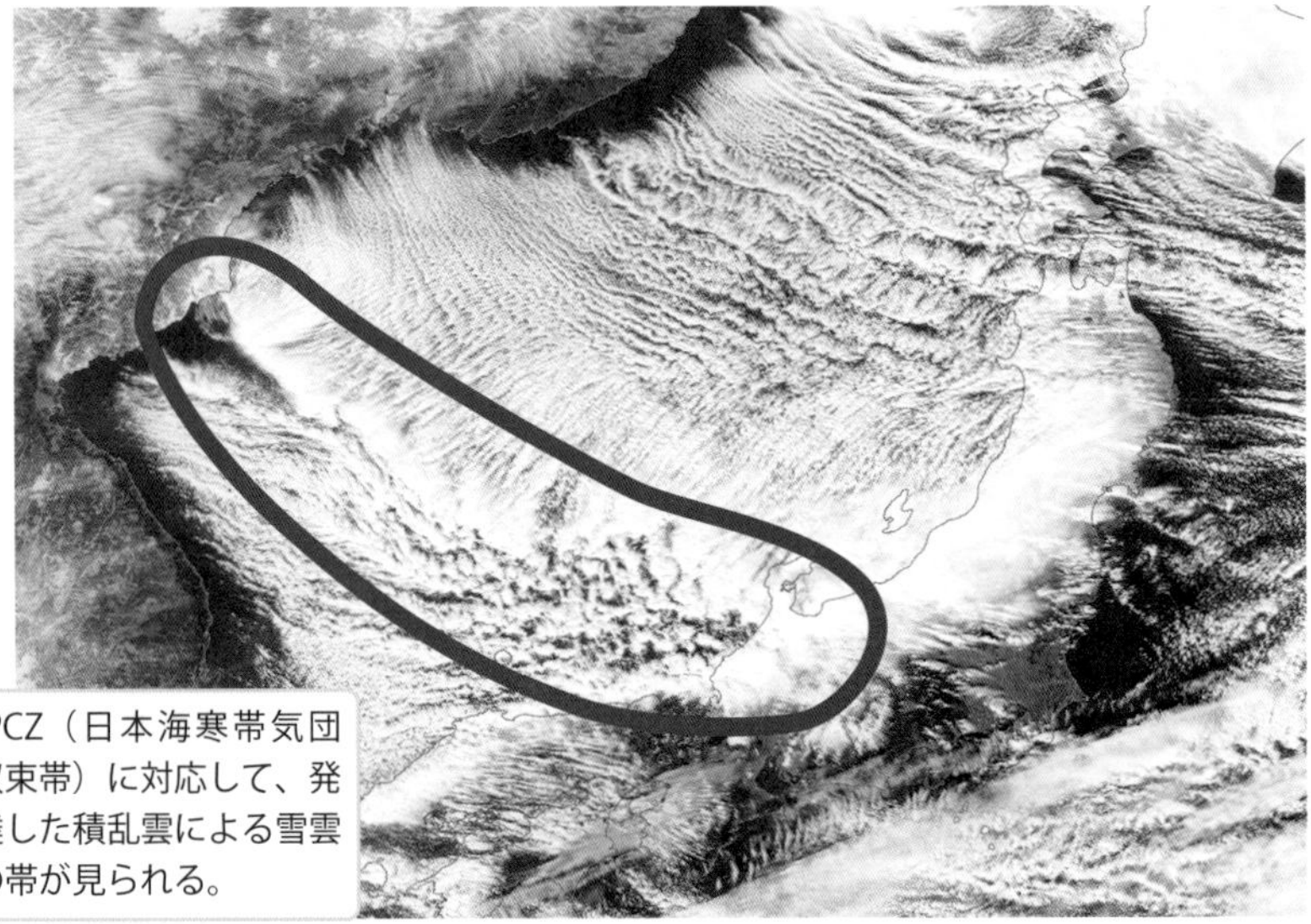

JPCZ（日本海寒帯気団収束帯）に対応して、発達した積乱雲による雪雲の帯が見られる。

●気象庁ウェブサイト「今後の雪」の例

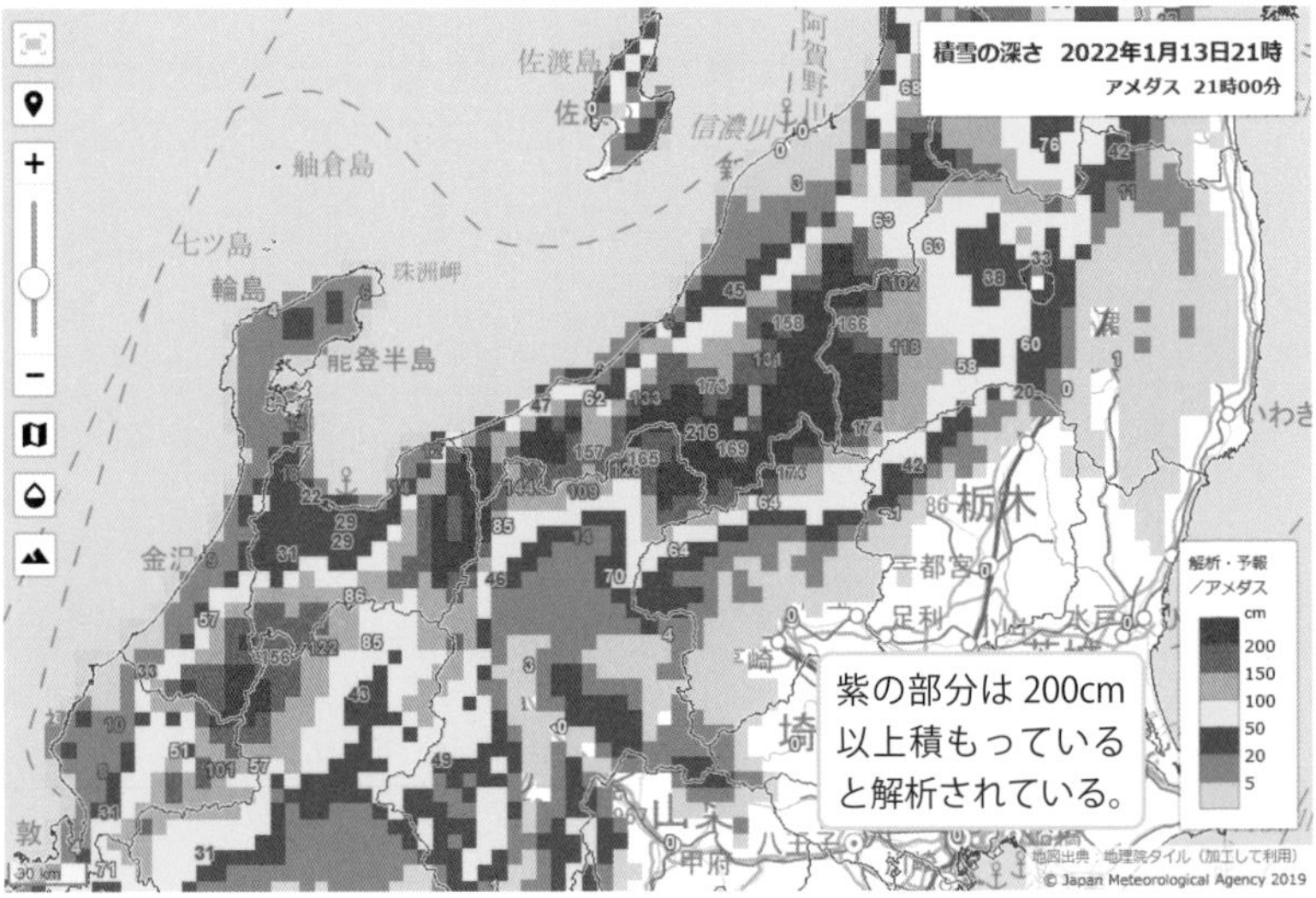

紫の部分は200cm以上積もっていると解析されている。

日本海側に集中豪雪をもたらす主な原因が**ＪＰＣＺ（日本海寒帯気団収束帯）**です。ＪＰＣＺは、冬に大陸から吹く冷たい風が、朝鮮半島の付け根にある長白《ちょうはく》山脈でいったん二分されたあと、日本海上で再びぶつかる（収束する）ことで発生します。この収束帯付近では上昇気流が強く、積乱雲が次々と発達し、雪雲が同じようなところに流れ込み続けるため、積雪が短時間で一気に増えることがあるのです。

大雪に対する情報として、日本海側で大雪が予想されるときには、まず6日前までに**大雪に関する早期天候情報**が発表されます。これは、その時期としては10年に一度程度しか起こらないような降雪量となる可能性がいつもより高まったときに出される情報です。自動車の大規模な立ち往生など、社会的に大きな影響を及ぼすことが予想されると、気象庁と国土交通省が共同で**大雪に対する緊急発表**を行い、対策が呼びかけられます。

実際に雪が降り出し、短時間に顕著な大雪が観測され、今後も続くと見込まれるときには、**顕著な大雪に関する気象情報**が発表されます。雪の実況把握には**解析積雪深**や**解析降雪量**が役立つほか、**今後の雪**で6時間先までの積雪の深さと降雪量の予測も確認できます。大雪が予想されるときには、最新の雪の情報を確認するとともに、自動車などでの移動の予定や交通ルートの変更も検討するようにしましょう。

今後の雪

降雪短時間予報。1時間ごとの積雪の深さと降雪量を約5km四方の細かさで6時間先まで予測したもの。1時間ごとに発表される。雪による交通への影響を前もって判断するときなどに活用できる。

解析積雪深・解析降雪量

積雪の深さと降雪量の実況を1時間ごとに約5km四方の細かさで推定し、地図上に示す。積雪計による観測が行われていない地域を含め、面的な積雪・降雪の状況を把握できる。

南岸低気圧

南岸低気圧による太平洋側の大雪

● 気象衛星画像で見た南岸低気圧

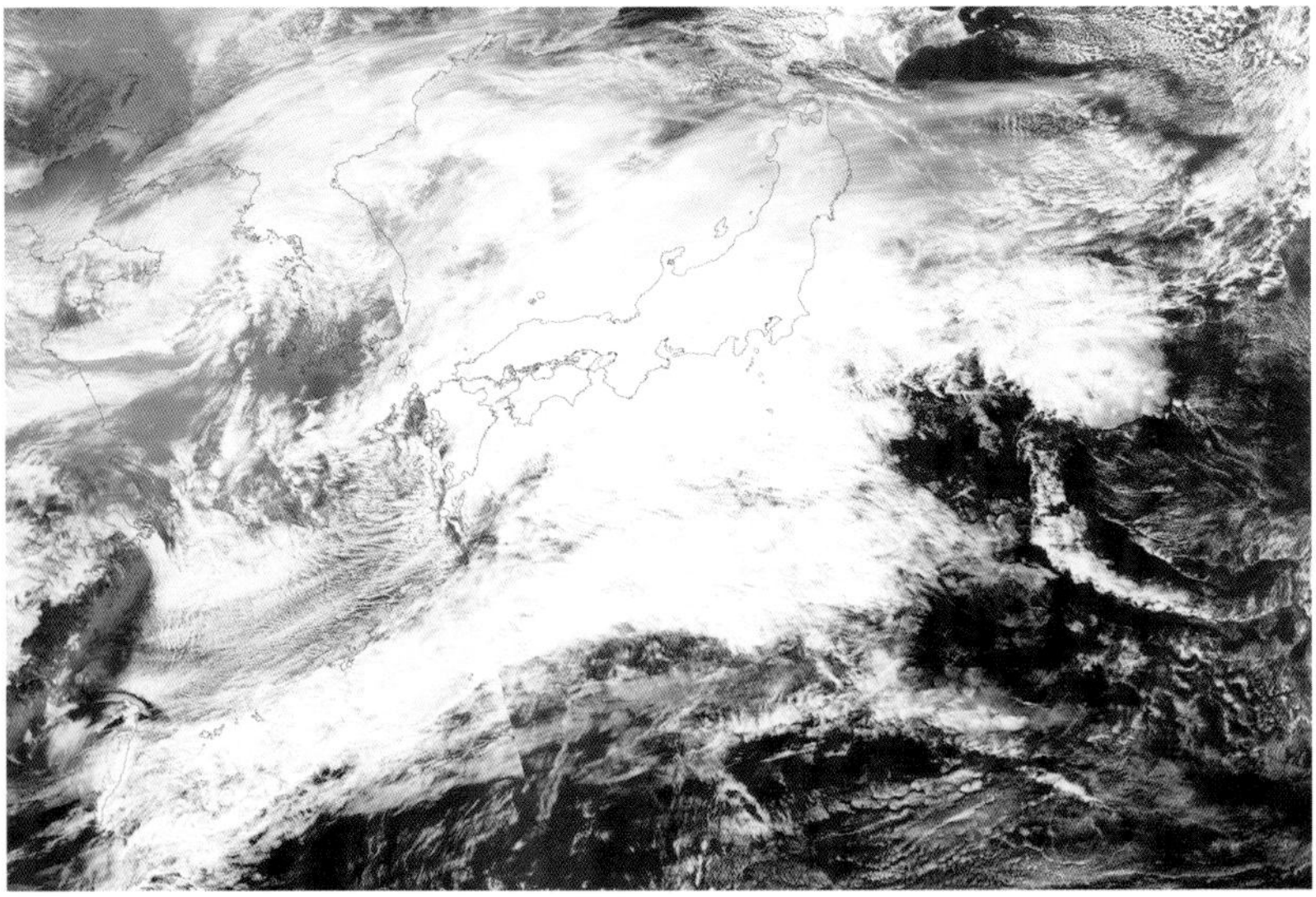

● 気温0℃の高度付近で観測される「ブライトバンド」

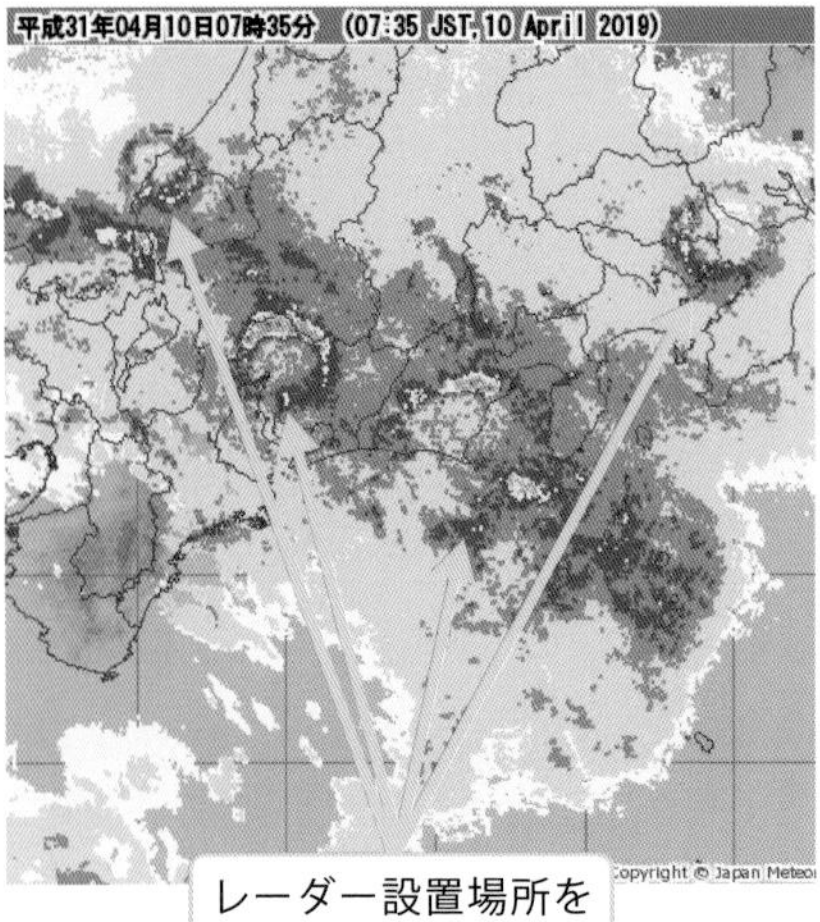

レーダー設置場所を中心に円状の強いエコーが見られる。

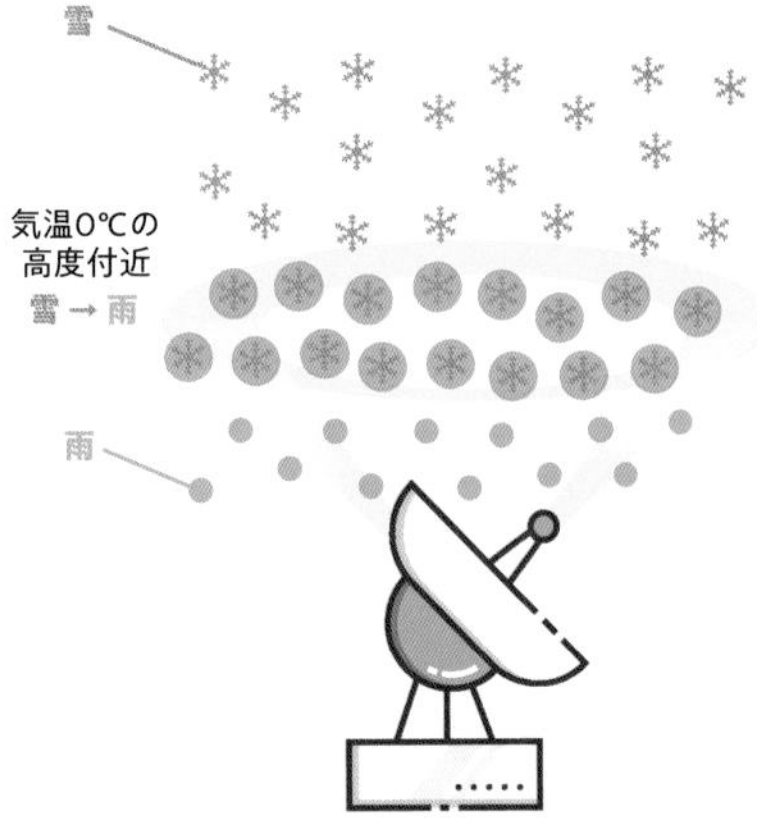

融解層《ゆうかいそう》の高度が低下すると、ブライトバンドの円の大きさが小さくなる。

関東地方などの太平洋側の地域は、冬でも雪が積もることは少ないため、ひとたび大雪になると交通機関の乱れや停電など、大きな影響が出ます。

関東地方の雪の大きな要因が**南岸低気圧**です。日本の南の海上を低気圧が通過するとき、**低気圧の北側に広がる雲**で大雪がもたらされる場合があります。ただ、南岸低気圧による関東地方の雪は、正確な予測が非常に難しいのが現状です。地上の気温に加え、低気圧の進む位置や発達度合い、雲の広がりや降水量、地形、北よりと南よりの風がぶつかってできる**沿岸前線**の位置など、多くの要素が複雑に関係しているためです。

　地上では雨でも、すぐ上空では雪が降っているとき、レーダーで**ブライトバンド**という円状の強いエコー（反射して戻ってくる電波）が現れることがあります。雪は、気温0℃の層（融解層）を通過する際に融け、より粒の大きい粒子になります。レーダーの電波は粒の大きいほうが、また固体の雪より液体の雨のほうが強く反射するため、レーダーのある場所を中心に円状にエコーが強まるのです。**融解層の高度が低くなると円が小さく**なり、その変化で地上でも雪が降る可能性が高まったことがわかります。

　また太平洋側で大雪になるとき、山では**表層《ひょうそう》雪崩《なだれ》**に注意が必要です。すでに積雪のあるところへ多量の新雪が積もると、時速１００km以上ものスピードで新雪部分が滑り落ちることがあります。雪の予測は研究が進められていますが、大雪でも対応できるように備えておくことが大切です。

表層雪崩
積雪のあった斜面に新たに積もった雪が、古い雪の層の上を滑り落ちて発生する雪崩。南岸低気圧通過時に起こりやすい。

ブライトバンド
気温0°Cになる高度付近で観測される局所的な強いエコー。融解する雪が気象レーダーの電波を強く反射してできる。

沿岸前線
沿岸で風向や性質の異なる風がぶつかり合うことで発生する局地的な前線のこと。雨と雪の境目になることがある。

地球温暖化

地球温暖化で変わりつつある気候

● 日本の年平均気温のずれの変化（1898～2023年）

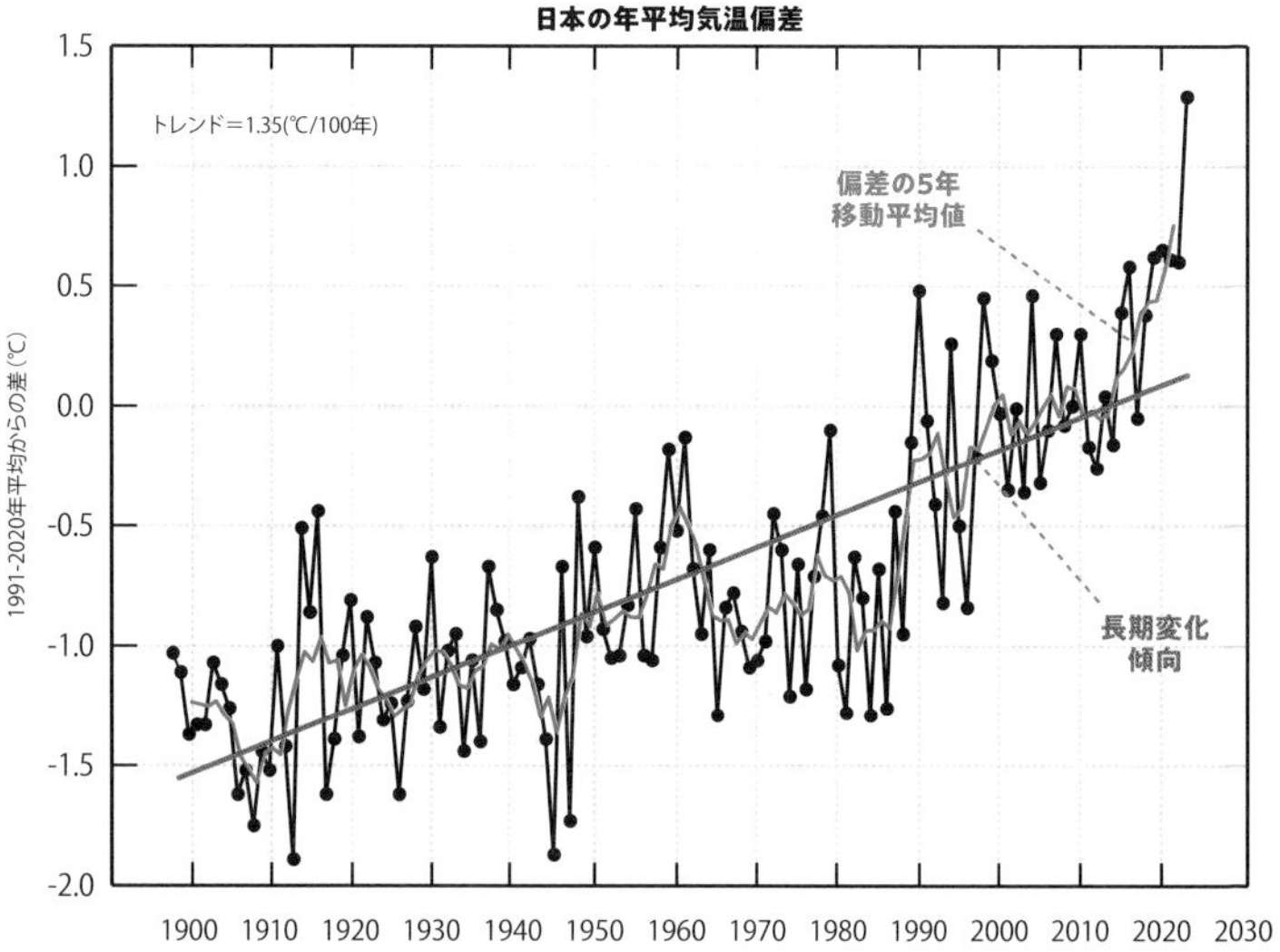

基準値は 1991 ～ 2020 年の 30 年平均値
出典：気象庁「日本の年平均気温偏差」より

● 猛烈な雨（1時間降水量80mm以上）の年間発生回数の変化（1976～2023年）

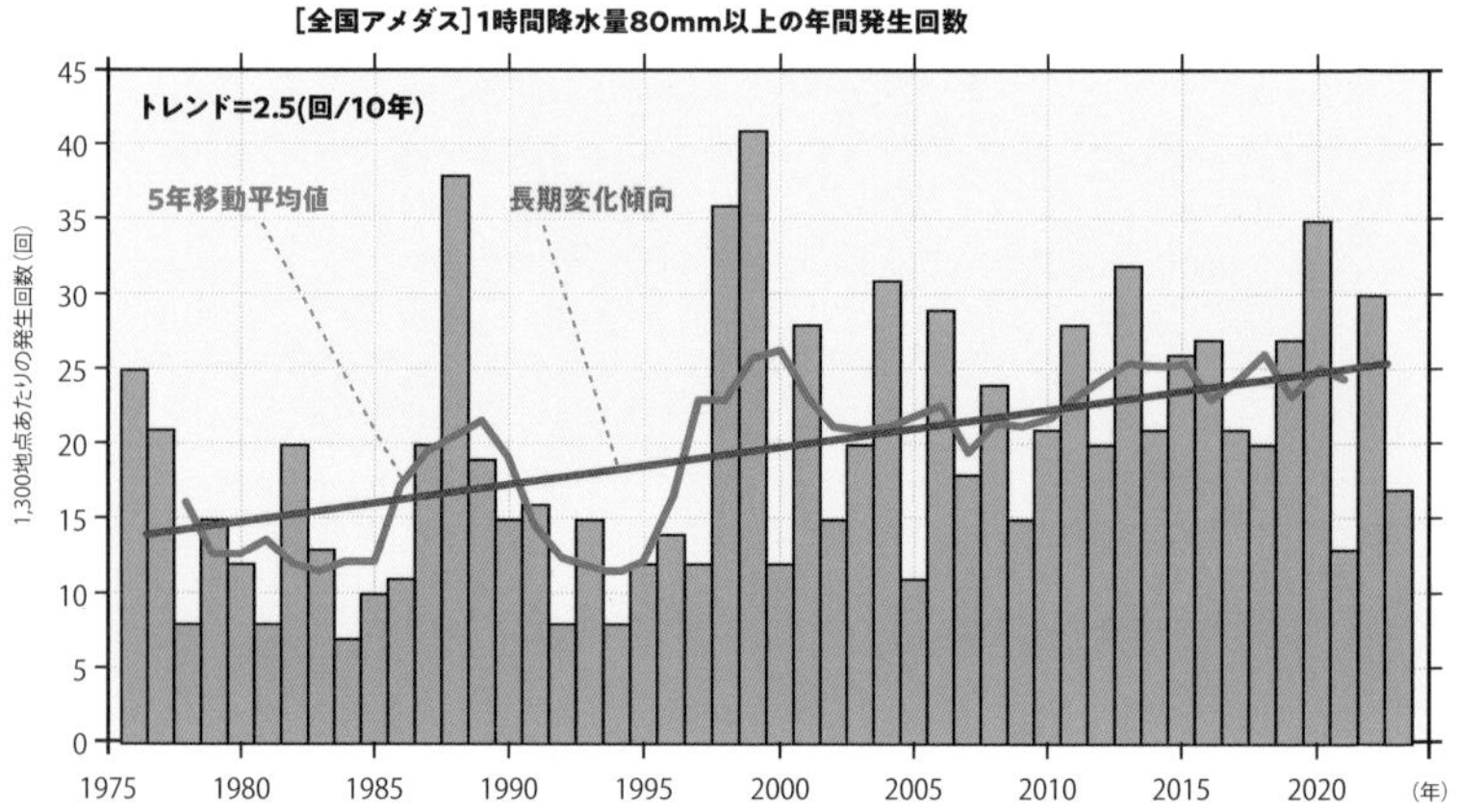

出典：気象庁「大雨や猛暑日など（極端現象）のこれまでの変化」より

「昔より猛烈な暑さの日が増え、雨の降り方が激しくなっている……」。そんなふうに感じている方も多いのではないでしょうか。

実は現在の地球は、**過去2000年の中で最も暖かく**なっています。平均気温はここ最近の100年あたり、世界では0・74℃、日本では1・35℃も上昇し、地球温暖化が進んでいるのです。**IPCC(気候変動に関する政府間パネル)**の報告書によると、地球温暖化の主な原因は、人間活動により排出される**温室効果ガス**であることに疑う余地がないとされています。

温室効果ガスの排出量の多くを占める二酸化炭素は、自動車や飛行機を動かしたり電気をつくったりするときなどに排出され、大気中の濃度は急激に高まっています。地球温暖化に伴う気候変動として、日本では1日の最高気温が35℃以上の「猛暑日」や、1時間に80㎜以上の「猛烈な雨」が増えているほか、世界的にも極端な高温や干ばつ、豪雨などの**異常気象**が増加しています。

地球温暖化の進行を抑制するため、**温室効果ガスの排出量を2050年までに実質ゼロ**にするという目標があり、社会も個人も協力することが不可欠です。二酸化炭素を排出しない再生可能エネルギーを自宅に導入する、自動車をEV(電気自動車)に変える、政治家の気候変動対策を聞いたり意見したりするなど、できることはたくさんあります。一人ひとりが当事者意識をもって積極的に取り組み、国や社会を変える行動を起こしていきましょう。

異常気象

特定の地域や時期で30年に1回以下の頻度で発生する現象。大雨など短時間の現象から、数か月続く干ばつなどもある。

温室効果ガス

地表から宇宙に逃げる熱を蓄えて再び地表へ放出する性質がある気体。二酸化炭素のほか、メタンや水蒸気も含まれる。

IPCC

気候変動に関する政府間パネル。各国政府の気候変動に関する政策に科学的な根拠を示すため、定期的に報告書を作成。

特別警報

特別警報が発表される前に避難行動を

●大雨特別警報の発表例(2021年8月14日)

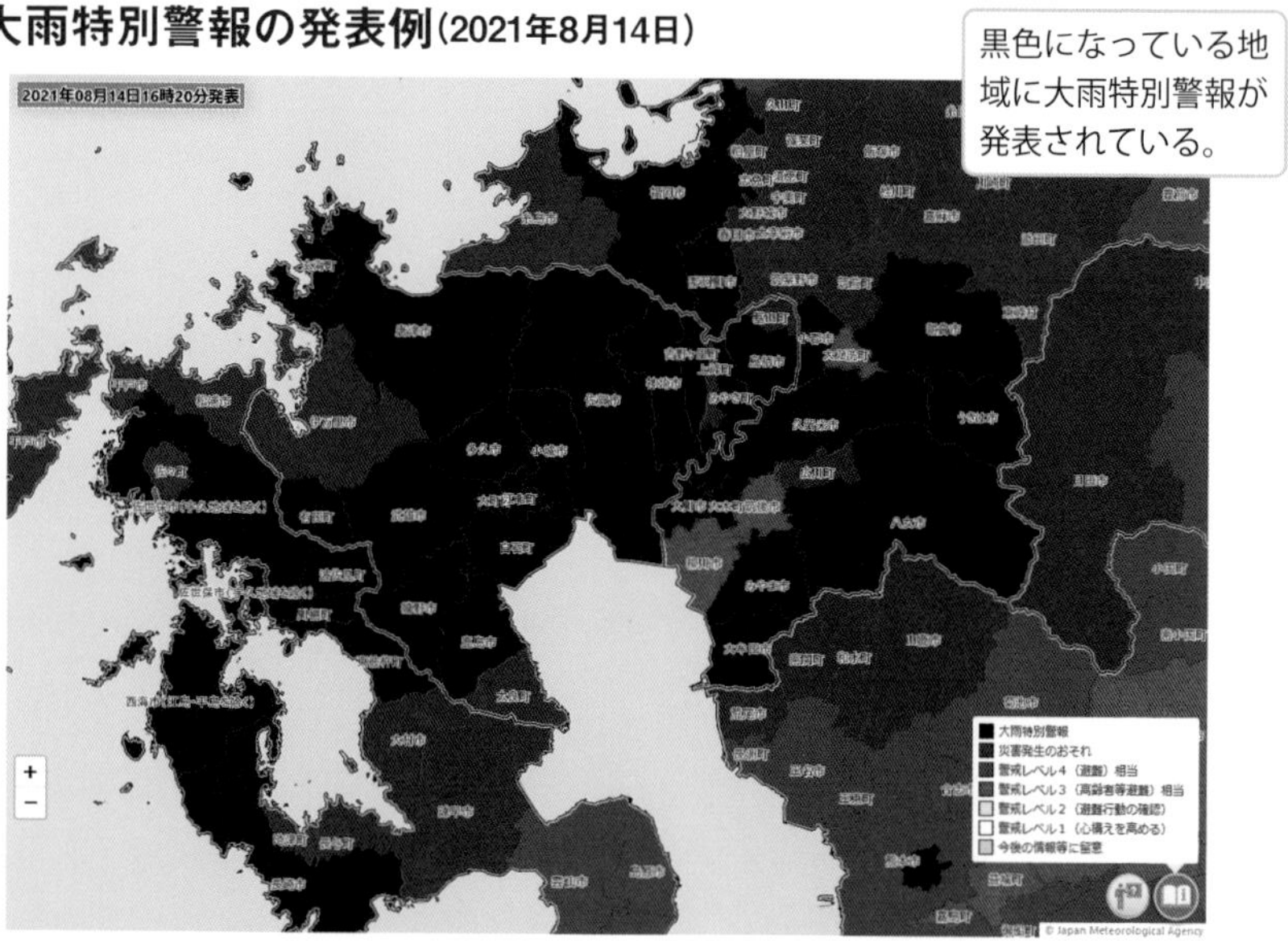

●浸水害の危険度分布の例(2022年9月23日)

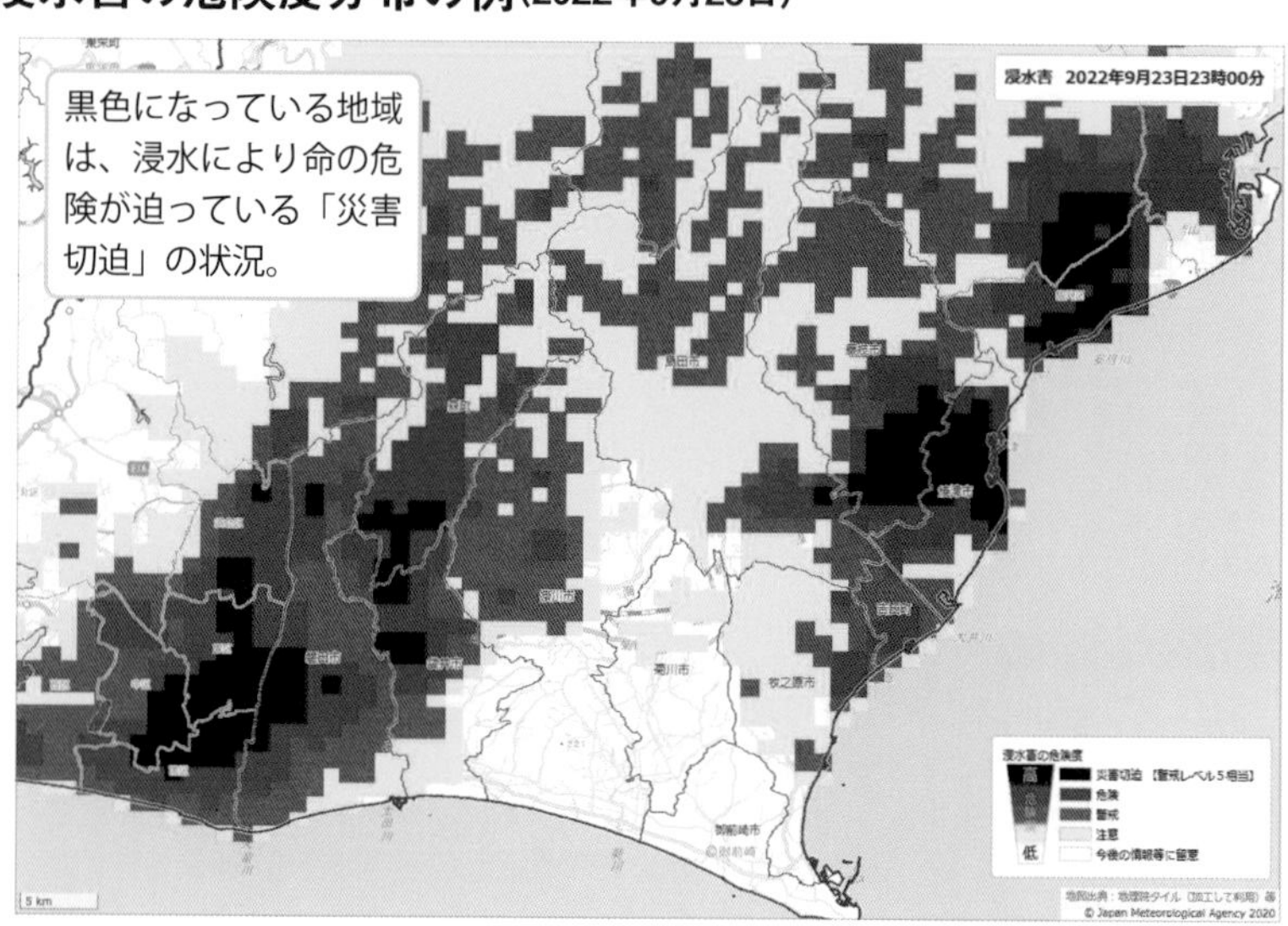

特別警報とは、警報の基準をはるかに超える大雨や大津波など、**重大な災害の起こるおそれが著しく高まったとき**に発表される情報です。最大級の警戒を呼びかけるため、２０１３年８月から運用されています。

２０１９年に東日本と東北地方の広い範囲で、河川の氾濫などの甚大な被害をもたらし、１００人以上の死者・行方不明者を出した**令和元年東日本台風**では、過去最多となる13都県に大雨特別警報が発表されました。特別警報は「気象庁からの最後通告」といわれています。特別警報が発表されたときには、すでに災害が発生していてもおかしくなく、その時点で逃げはじめては手遅れとなってしまう可能性があるのです。このため、**特別警報が発表される前に避難を完了させる**ことが重要です。

いざというときにすぐに避難できるよう、**ハザードマップ**を活用して自分の住む地域の災害リスクを確認し、あらかじめ避難経路や避難場所などを決めておきましょう。台風の接近など、５日先までに警報級の大雨や暴風が予想されるときには、**早期注意情報**が発表されます。また、実際に雨が強くなりはじめたら、**危険度分布（キキクル）**を活用することで、今どこで土砂災害や洪水害、浸水害の危険度が高まっているかを把握できます。

自分自身や大切な人の命を守るために、普段から気象庁ウェブサイトを見て、情報活用の方法を覚えておくことが大切です。

危険度分布

土砂災害、浸水害、洪水害の危険度の高まりを、５段階に色分けして地図上に示したもの。危険度を面的に把握できる。

早期注意情報

警報級の現象が５日先までに予想されるとき、その可能性を［高］［中］の２段階で発表する。警報級の可能性ともいう。

ハザードマップ

災害時に危険な場所や避難場所などをまとめた地図。気象災害のほか、地震発生時に津波が想定される地域も示される。

天気予報の用語一覧

雨の強さの用語	1時間雨量（mm）	人の受けるイメージと影響
やや強い雨	10以上20未満	ザーザーと降り、地面からの跳ね返りで足元が濡れる。
強い雨	20以上30未満	どしゃ降りとなり、傘を差していても濡れる。
激しい雨	30以上50未満	バケツをひっくり返したように降る。道路が水であふれ、川のようになる。
非常に激しい雨	50以上80未満	滝のようにゴーゴーと降り、傘がまったく役に立たなくなる。
猛烈な雨	80以上	息苦しくなるような圧迫感があり、恐怖を感じる。水しぶきであたり一面が白っぽくなり、視界が悪くなる。

風の強さの用語	平均風速（m/s）	人や物への影響
やや強い風	10以上15未満	風に向かって歩きにくくなり、傘が差せない状況になる。
強い風	15以上20未満	高い場所での作業が極めて危険になり、看板やトタン板が外れ始める。
非常に強い風	20以上30未満	何かにつかまっていないと立っていられない。飛来物によって負傷するおそれがある。
猛烈な風	30以上	電柱や街灯などが倒れるおそれがある。走行中のトラックが横転する。

台風の大きさの階級分け	風速15m/s以上（強風域）の半径（km）
（表現しない）	500未満
大型	500以上800未満
超大型	800以上

台風の強さの階級分け	最大風速（m/s）
（表現しない）	33未満
強い	33以上44未満
非常に強い	44以上54未満
猛烈な	54以上

時の用語	時間帯（時）
未明	0 〜 3
明け方	3 〜 6
朝	6 〜 9
昼前	9 〜 12
昼過ぎ	12 〜 15
夕方	15 〜 18
夜のはじめ頃	18 〜 21
夜遅く	21 〜 24

波浪の用語	波高（m）
おだやか	0 から 0.1 以下
おだやかなほう	0.1 より大きく 0.5 以下
多少波がある	0.5 より大きく 1.25 以下
波がやや高い	1.25 より大きく 2.5 以下
波が高い	2.5 より大きく 4 以下
しける	4 より大きく 6 以下
大しけ	6 より大きく 9 以下
猛烈にしける	9 より大きい

気温の用語	説明
夏日	日最高気温が 25℃以上の日
真夏日	日最高気温が 30℃以上の日
猛暑日	日最高気温が 35℃以上の日
冬日	日最低気温が 0℃未満の日
真冬日	日最高気温が 0℃未満の日

雪の用語	説明
弱い雪	降雪量がおよそ 1cm/h に達しない。
強い雪	降雪量がおよそ 3 cm/h 以上。
小雪	数時間降り続いても降水量として 1mm に達しない。
大雪	大雪注意報の基準以上。
ふぶき	「やや強い風」程度以上の風が雪を伴って吹く状態。
地ふぶき	積もった雪が風のために空中に吹き上げられる現象。
猛ふぶき	「強い風」以上の風を伴うふぶき。

時間経過などを表す用語	説明
一時	現象が連続的に起こり、その現象の発現期間が予報期間の 1/4 未満のとき。
時々	現象が断続的に起こり、その現象の発現期間の合計時間が予報期間の 1/2 未満のとき。
のち	予報期間内の前と後で現象が異なるとき、その変化を示す場合に用いる。
はじめ	予報期間のはじめの 1/4 ないし 1/3 くらい。週間天気予報では予報期間のはじめの 1/3 くらい。
終わり	季節、週間天気予報では、予報期間の終端前 1/3 くらい。

索引

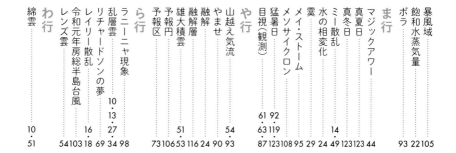

おわりに

普段何気なく使っているものでも、膨大な研究の積み重ねがあったり、多くの人の努力があったりするものです。自動車や衣類、食品などがまさにそうで、そこに至るまでにどんな工夫が凝らされたかを想像するとワクワクします。これは天気予報にもいえることと思います。

天気予報がまだなかった時代には、空や雲を見て天気の変化を予想する観天望気が用いられてきましたが、現在はスマートフォンですぐに天気予報を確認できる時代になりました。一方で、気象に関する情報は多様化しており、それらを理解して使いこなすにはリテラシーが必要です。そう言うと、勉強をしないといけない感じがして、急に面倒なものに聞こえがちです。とはいえ、天気予報をはじめとする気象情報は、私たちが天気に振り回されない生活を送り、災害から身を守るために有効な情報です。美しい空や雲に出合うために普段から気象情報に触れておくことが、いざというときの備えにつながるのではないかと思います。防災といっても気を張り詰めた状態を長く続けるのは難しく、楽しいことなら続けられるのではないでしょうか。

本書を通して、読者の皆さんが天気予報をもっと楽しめるようになり、空や雲と上手に付き合えるきっかけになれたらいいなと思います。

荒木健太郎

著者紹介

荒木健太郎(あらき・けんたろう)
雲研究者・気象庁気象研究所主任研究官・博士(学術)。気象庁気象大学校卒業。専門は雲科学・気象学。防災・減災のために、災害をもたらす雲のしくみの研究に取り組んでいる。気象監修に映画『天気の子』、ドラマ『ブルーモーメント』など。『情熱大陸』『ドラえもん』など出演多数。著書に『すごすぎる天気の図鑑』(KADOKAWA)シリーズなど多数。
X(Twitter)・Instagram・YouTube：@arakencloud

太田絢子(おおた・あやこ)
気象予報士・防災士・気象防災アドバイザー。これまでNHK松山やCBCテレビにて気象解説を務め、防災気象情報や地球温暖化に関する講演・執筆活動も行う。編集協力に『すごすぎる天気の図鑑』(KADOKAWA)シリーズ、気象監修に『RE:VISION ART PROJECT』(国連UNHCR協会)などがある。2023年10月からアメリカ・ロサンゼルス在住。
X(Twitter)・Instagram：@ayako_weather

片山美紀(かたやま・みき)
気象予報士・防災士・備蓄防災食調理アドバイザー。ウェザーマップ所属。NHK総合「首都圏ネットワーク」「全国の気象情報(土日)」気象キャスター。気象や防災に関する講演、子ども向けお天気教室などのイベント制作も行う。著書に『気象予報士のしごと』(成山堂書店)、『地球環境を守るレシピ』(日本橋出版)がある。
X(Twitter)：@88unohana88、Instagram：@mikiktyma_otenkicooking

津田紗矢佳(つだ・さやか)
気象翻訳者・気象予報士・防災士。ウェザーマップ所属。テレビ朝日「スーパーJチャンネル」、Yahoo!天気・災害動画気象キャスター。防災・減災のために、天気や防災をわかりやすく伝える気象の翻訳者として活動中。著書に『天気を知って備える防災雲図鑑』(文溪堂)、『空を見るのが楽しくなる! 雲のしくみ』(誠文堂新光社)がある。
X(Twitter)・Instagram：@sayapontenki

佐々木恭子(ささき・きょうこ)
気象予報士・防災士。合同会社『てんコロ.』代表。自治体防災向けや高速道路・国道向け、企業向けの予報などを担当。現在は予報業務に加えて、気象予報士資格取得スクールや気象予報士向けスキルアップ講座などを主催し、講師も務める。著書に『天気でわかる四季のくらし』(新日本出版社)がある。
X(Twitter)：@tencorocoro、YouTube：@tencorochannel

参考文献・ウェブサイト

『空のふしぎがすべてわかる! すごすぎる天気の図鑑』荒木健太郎(KADOKAWA)
『もっとすごすぎる天気の図鑑 空のふしぎがすべてわかる!』荒木健太郎(KADOKAWA)
『すごすぎる天気の図鑑 雲の超図鑑』荒木健太郎(KADOKAWA)
『空のひみつがぜんぶわかる! 最高にすごすぎる天気の図鑑』荒木健太郎(KADOKAWA)
『イラスト図解 よくわかる気象学 第2版』中島俊夫(ナツメ社)
『気象予報のための天気図のみかた 改訂新版』下山紀夫(東京堂出版)
『史上最強カラー図解 プロが教える気象・天気図のすべてがわかる本』岩谷忠幸・監修(ナツメ社)

気象庁『気象庁が天気予報等で用いる予報用語』 https://www.jma.go.jp/jma/kishou/know/yougo_hp/mokuji.html
NICT『ひまわりリアルタイムWeb』 https://himawari.asia/
NASA『EOSDIS Worldview』 https://worldview.earthdata.nasa.gov/

解説動画

本書の全項目について解説動画をご用意しています。本書とあわせてご活用ください。
再生リスト：https://www.youtube.com/playlist?list=PLr2tswBIQIJTLwTuJJ7BreqnI4p9gdGEF

荒木健太郎の
雲研究室

■スタッフ
装丁・本文デザイン：清水 真理子（TYPEFACE）
イラスト：さややん。
編集協力：高橋幸花
株式会社エディポック

■写真提供
木山秀哉（P.30、P.62右下）、川村にゃ子（P.42）、池宮城サキ（P.54）、NASA（P.32、P.66下、P.70、P.96、P.102、P.104、P.114上、P.116上）、気象庁（P.34、P.60、P.62上、P.64、P.66上、P.72、P.74、P.76、P.78、P.82上、P.84上、P.86、P.90上、P.92、P.106、P.110、P.114下、P.116下、P.120）、情報通信研究機構（P.82下、P.84下、P.88、P.90下）、NOAA（P.108）、荒木健太郎（そのほかすべて）

天気予報《てんきよほう》が楽《たの》しくなる 空《そら》のしくみ

2024年5月30日　第1刷発行

著　者　荒木健太郎、太田絢子、片山美紀、津田紗矢佳、佐々木恭子
発行者　片桐圭子
発行所　朝日新聞出版
〒104-8011　東京都中央区築地5－3－2
電話（03）5541 - 8833（編集）
（03）5540 - 7793（販売）

印刷所　大日本印刷株式会社

Published in Japan by Asahi Shimbun Publications Inc.
ISBN　978-4-02-332219-6
定価はカバーに表示してあります。
落丁・乱丁の場合は弊社業務部（電話03 - 5540 - 7800）へご連絡ください。
送料弊社負担にてお取り替えいたします。